MICROSERVICES AND CONTAINERS

微服务与容器

[美] 帕敏德·辛格·科克（Parminder Singh Kocher）◎著
任发科◎译

人民邮电出版社
北京

图书在版编目（CIP）数据

微服务与容器 / (美) 帕敏德·辛格·科克著 ; 任发科译. -- 北京 : 人民邮电出版社, 2020.2
书名原文: Microservices and Containers
ISBN 978-7-115-52747-9

Ⅰ. ①微… Ⅱ. ①帕… ②任… Ⅲ. ①互联网络一网络服务器 Ⅳ. ①TP368.5

中国版本图书馆CIP数据核字(2019)第267638号

内 容 提 要

本书是关于微服务和容器的实用指南。全书分为3部分，共13章。第一部分系统介绍微服务，包括微服务的概念、什么类型的组织适合转换到微服务、进程间通信、微服务的迁移与实现、将单体应用迁移到微服务等内容；第二部分讲述容器，具体包括Docker容器的概念、Docker安装、Docker接口、容器连网、容器编排、容器管理等知识点；第三部分提供一个功能完整的Helpdesk服务示例，帮助读者学以致用，进一步掌握微服务和容器的具体应用。

本书内容丰富，既适合微服务相关从业人员和容器开发人员阅读，也适合希望在生产环境中高效使用Docker的开发人员参考。

◆ 著　　　　［美］帕敏德·辛格·科克（Parminder Singh Kocher）
　译　　　　任发科
　责任编辑　杨海玲
　责任印制　王　郁　焦志炜

◆ 人民邮电出版社出版发行　　北京市丰台区成寿寺路11号
　邮编　100164　　电子邮件　315@ptpress.com.cn
　网址　http://www.ptpress.com.cn
　三河市君旺印务有限公司印刷

◆ 开本：800×1000　1/16
　印张：14.75
　字数：288千字　　　　　2020年2月第1版
　印数：1– 3 000册　　　　2020年2月河北第1次印刷

著作权合同登记号　图字：01-2018-4180号

定价：59.00元

读者服务热线：(010)81055410　印装质量热线：(010)81055316
反盗版热线：(010)81055315
广告经营许可证：京东工商广登字20170147号

版权声明

谨以本书献给我的父母。没有他们的爱和无限的祝福，一切都是不可能的。

前言

一如既往，技术行业正处于巨大的转变之中，物联网、软件定义网络以及软件即服务（SaaS）仅为其中几例。由于这些创新，对能够改进应用开发和部署过程的平台和架构的需求很大。各种规模的公司现在都需要能够简化应用更新过程的框架和架构，以便让最新版本更频繁地推向市场而不会给开发和部署团队增加过多负担。

像许多类似的转变一样，这个转变仍在早期，这个领域的许多技术和框架来了又走。然而，屹立不倒的赢家仍在持续不断地改善整个世界的软件，让软件的开发者——我们——能够比以往更敏捷地创建新应用和更新现有应用。在我看来，微服务和容器就是赢家，这两个热门话题都具有持久性。与单体方法这种最常用的开发与部署应用的方式相比，微服务简化了这些流程，特别是那些需要多个团队而且代码持续增加的大型项目，在这种情况下，即便是代码中的小改动也可能造成严重的延期。微服务通过将敏捷性和伸缩性整合到应用开发和部署中来处理当今的大型代码，所有这些都在一个已证明的范型中。

这正是本书的用武之地。我最初开始学习微服务时，网上有几个有价值的资源（特别是，我推荐 Chris Richardson 的网站和 James Lewis 与 Martin Fowler 的个人网站），但通过系统性地构建案例来阐述为什么 CTO 或工程团队的主管应该（或不应该）迁移到微服务的书却不多。市场上有明显的空白。我对这个主题掌握得越多，就越忍不住想：“为什么我不能成为填补这个空白的人呢？”很快，我就开始为自己的书集思广益。

目标读者

我写这本书时主要考虑两类读者。第一类是富有软件及系统工程经验的学生、设计师和架构师。尽管你可能很熟悉微服务或容器，但本书可能是一本完全致力于微服务或容器的书。本书不但提供了这两个主题的全面概述，而且提供了充足的信息和分析来帮助你决定何时利用以及何时不利用这些技术。在微服务或容器上有实战经验的读者也许想一带而过前两部分而直接投入第三部分，第三部分提供了功能完整的 Helpdesk 服务的示例，它是遵循标准的面向服务架构（SOA）方法编写的。这个案例研究会讨论这样的一个应用架构如何转换为基于微服务的架构以及 Docker 如何用于这个场景。我认为这个表面之下的深入探索是真正的享受，它将激发读者的兴趣，使其投身微服务和容器世界。

本书的其他目标读者是从业务角度关注这两个主题的非程序员——对了解基础知识感兴趣的管理者或项目经理。也许你阅读过一篇关于微服务的有趣博客，它可能是团队一直在寻找的解决方案，但似乎不能找到好的后续书籍。也许你偶尔听到工程师谈及 Docker 容器并想加深了解以便融入讨论中。无论何种原因，本书对任何考虑更有效的更新应用或开发新应用的方法的管理者而言都应该是理想读物。特别是，本书充满了易于理解的示例而且没有什么专业术语。

本书适合任何试图实现以下目标的人阅读：

- 使组织更有效地创建工业级强度的软件；
- 转换至微服务和 Docker 容器并了解它们与 SOA 有何区别；
- 作为学校课程的一部分学习微服务和 Docker，以获取高度市场化的新技能。

简言之，本书适合所有想更多了解微服务和 Docker 容器的人。我希望你也是其中一员！让我们开始吧。

致谢

如同那些将自己整个职业生涯投入技术中的人一样，我从未想过自己会写一本书。我曾经是一名工程师，但不是一个作者。因此，在开始这项挑战之前，我不知道写一本书要做些什么，也不知道写一本书有多艰难。这么说吧，我知道写一本书包含大量工作，但没想到会如此繁重。即使我将工作日全部用来写书，编写本书都很困难，要继续在全职工作的同时抽时间编写本书似乎是完全不可能的！如果不是许多才华横溢且慷慨大方的人在这一路上一步一步地指导和支持我，那真的就不可能了。

首先，感谢培生（Pearson）的整个团队，感谢你们在整个编辑过程中接受我的建议并指导我。特别地，我想感谢我的主要联系人 Christopher Guzikowski 在我写作道路上的每一步指导，感谢他对我的信任，感谢他在我编写本书时给予的耐心。还要万分感谢 Michael Thurston，感谢他不可或缺的编辑工作和快速的周转时间。

如果没有来自许多朋友的帮助和支持，本书是不可能出版的。首先是 Lenin Lakshminarayanan 和 Anuj Singh，他们花费了大量业余时间与我在一起，帮助完成与案例研究的所有代码相关的工作，这是本书的关键部分。非常感谢 Gerald Cantor，他阅读了大部分初稿并提供了中肯和无价的反馈。感谢 Ravi Papisetti、Nawaz Akther、Sameer Nair 和 Gurvinder Singh 提供有用的见解和建议。感谢 Michael Wolman 对整本书的评审。

如果没有人激励和指引我，本书将万难付梓。无论何时有疑惑，我都会向我的导师寻求指导，他们在我的职业生涯中扮演了无比重要的角色。我特别想感谢 Greg Carter 的无条件支持和指导，他是我过去 12 年的导师。感谢 Sunil Kripalani 一直信任我，并推动我创新和努力发挥影响力。感谢 Antonio Nucci，一个真正的梦想家，只是和他交谈就能激励我完成更多事情。

最后但同样至关重要的是，我想感谢我的家人在这段有益但常常充满压力的经历中对我的宽容。感谢我的孩子 Prabhleen、Jashminder 和 Jasleen 度过了无数个没有爸爸陪伴的周末，并理解爸爸是在挥洒自己的激情。最后，特别感谢我美丽的妻子 Raman，感谢她的启发、鼓励与信任，如果没有她的支持，本书可能只是一场梦，不会成真。

万分感谢！

作者简介

帕敏德·辛格·科克（Parminder Singh Kocher）在印度出生并长大，是一个拥有20年企业级软件系统构建实际经验的终身技术学习者。他自2005年就一直从事思科系统的工作，管理思科管理服务平台（CMS），而且一直是领导多个软件群组的创新布道者。目前，他是思科网络学院平台的工程总监，他领导工程团队开发学院下一代平台，该平台可以在超过180个国家访问和使用。除了拥有计算机科学专业的学士学位和硕士学位，他还是贝勒大学汉卡默商学院的EMBA，并且拥有MIT斯隆管理学院的战略与创新证书。他与妻子及3个孩子生活在得克萨斯州的奥斯汀。

资源与支持

本书由异步社区出品，社区（https://www.epubit.com/）为您提供相关资源和后续服务。

配套资源

本书源代码下载，要获得以上配套资源，请在异步社区本书页面中点击 配套资源 ，跳转到下载界面，按提示进行操作即可。注意：为保证购书读者的权益，该操作会给出相关提示，要求输入提取码进行验证。

提交勘误

作者和编辑尽最大努力来确保书中内容的准确性，但难免会存在疏漏。欢迎您将发现的问题反馈给我们，帮助我们提升图书的质量。

当您发现错误时，请登录异步社区，按书名搜索，进入本书页面，点击“提交勘误”，输入勘误信息，点击“提交”按钮即可。本书的作者和编辑会对您提交的勘误进行审核，确认并接受后，您将获赠异步社区的100积分。积分可用于在异步社区兑换优惠券、样书或奖品。

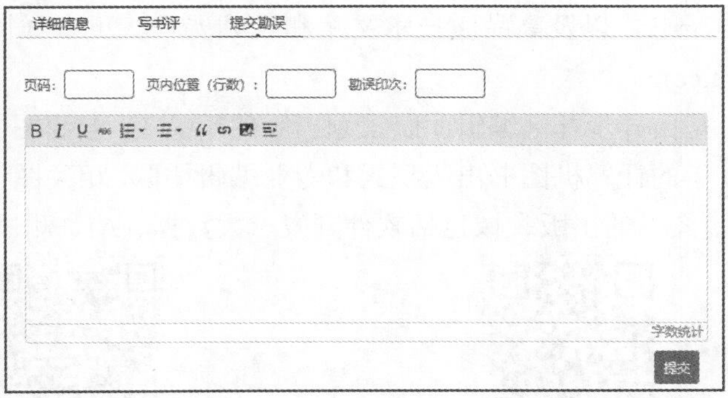

扫码关注本书

扫描下方二维码，您将会在异步社区微信服务号中看到本书信息及相关的服务提示。

与我们联系

我们的联系邮箱是 contact@epubit.com.cn。

如果您对本书有任何疑问或建议，请您发邮件给我们，并请在邮件标题中注明本书书名，以便我们更高效地做出反馈。

如果您有兴趣出版图书、录制教学视频，或者参与图书翻译、技术审校等工作，可以发邮件给我们；有意出版图书的作者也可以到异步社区在线提交投稿（直接访问 www.epubit.com/selfpublish/submission 即可）。

如果您来自学校、培训机构或企业，想批量购买本书或异步社区出版的其他图书，也可以发邮件给我们。

如果您在网上发现有针对异步社区出品图书的各种形式的盗版行为，包括对图书全部或部分内容的非授权传播，请您将怀疑有侵权行为的链接发邮件给我们。您的这一举动是对作者权益的保护，也是我们持续为您提供有价值的内容的动力之源。

关于异步社区和异步图书

“异步社区”是人民邮电出版社旗下 IT 专业图书社区，致力于出版精品 IT 技术图书和相关学习产品，为作译者提供优质出版服务。异步社区创办于 2015 年 8 月，提供大量精品 IT 技术图书和电子书，以及高品质技术文章和视频课程。更多详情请访问异步社区官网 https://www.epubit.com。

“异步图书”是由异步社区编辑团队策划出版的精品 IT 专业图书的品牌，依托于人民邮电出版社近 30 年的计算机图书出版积累和专业编辑团队，相关图书在封面上印有异步图书的 LOGO。异步图书的出版领域包括软件开发、大数据、AI、测试、前端、网络技术等。

异步社区

微信服务号

目录

第一部分　微服务

第二部分 容器

第一部分

微服务

第1章

微服务概览

技术已经改变并将继续改变世界的运转方式。反过来，这些改变又对支持这一切的技术提出新的、具有挑战性的要求。在不到20年的时间里，我们从56 KB的拨号调制解调器时代发展到100 GB的以太网时代。随着网络速度提升，企业承载了更大的压力来开发更快的软件，鉴于此，先进的高级软件语言被开发出来以适应应用的需要。相似地，在系统方面，我们从大型机演化到高速服务器，再将服务器制作成一种虚拟化和云的商品。现在，随着利用容器来更高效地使用资源，“容器化”成了一个动词。

一路走来，诸如模型-视图-控制器（MVC）、企业集成模式（EIP）和面向服务的架构（SOA）等新范式层出不穷。基于微服务的架构是时下技术世界的话题。让我们一探究竟。

1.1 什么是微服务

微服务是一种独立的能力，其被设计为可执行程序或进程，并通过超文本传输协议（HTTP）、RESTful Web服务（构建在表述性状态转移[REST]架构之上）、消息队列等标准但轻量级的进程间通信机制来与其他微服务进行通信。使微服务与标准应用相区别的是，每个微服务各自进行开发、测试、部署和按需伸缩，并独立于其他微服务。

微服务概念继承了软件开发的所有最佳原则，包括松耦合、按需扩展和面向服务，仅举数例。

独立的能力是什么意思？这意味着每个微服务仅完成一个功能，对于所有使用者而言其行为是相同的。以订单管理服务为例，它只处理订单，不做其他事情；它甚至不发送通知。它会调用其他负责发送通知的微服务进行处理。功能分离提供了极大的灵活性，因为每个微服务可以独立于其他微服务进行管理、维护、伸缩、扩展、复用和替换。

鉴于此定义，基于微服务的应用只是组织在一起的几个独立自主的微服务，其中每个服务提供具体明确的功能并通过定义良好的协议进行通信，以提供全部应用功能。可以将这种范式描述为基于微服务的架构，其中每个微服务作为单独的进程运行。

读者也许想了解这与基于SOA的单体应用有何不同。其不同之处在于：单体应用中，所有功能被打包成一个大的可执行文件或WAR文件，这也称为单体实现（monolithic implementation）。

让我们用一个简单的例子来探讨这个问题：一个可以从网上访问的计算器应用。对于单体应用，所有计算器操作（加、减等）可能是作为单独的程序功能来实现的，一个功能会直接调用另一个功能来完成其操作。只有一个进程在运行，而通信则通过标准的程序功能调用。整个设计看起来应该如图1-1所示。

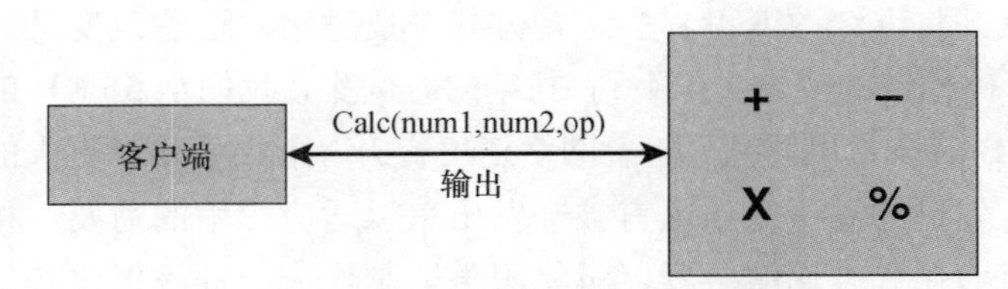

图1-1　一个简单计算器应用的单体架构

微服务对于这个异常简单的例子可能小题大做了，但这仅仅是为了方便我们理解。假定一个开发人员遵从微服务范式构建了这个计算器应用，其将计算器提供的每个操作构造成独立的服务，如图1-2所示。这个例子中，一个微服务通过HTTP协议或其他协议的进程间调用来访问另一个微服务。在之前的例子中，如果任何函数遇到一个讨厌的bug（如越界），它会让整个应用挂掉。然而，使用微服务，只有受影响的服务无法使用，其他服务仍然可供用户使用。

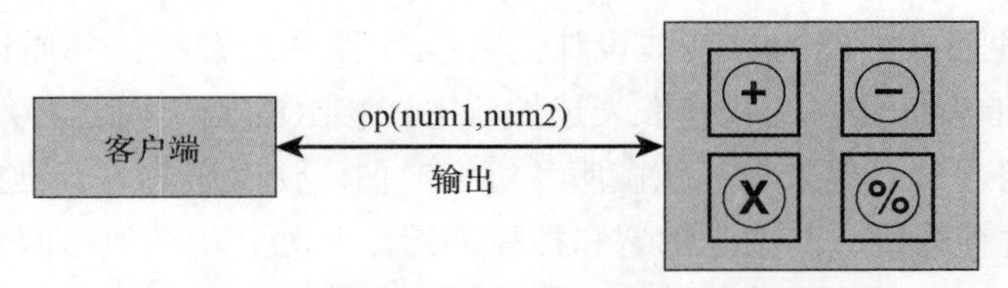

图1-2　一个简单计算器应用的基于微服务的架构

这个简单的例子意在强调遵从微服务范式的最大好处：它通过将应用分割成可管理的

独立组件来简化复杂应用的实现。这种简化在诸多方面都有很大的帮助，比如能够在不影响其他服务的情况下增加许多能力。

此外，每个微服务可以独立升级或按需伸缩。例如，假设我们需要用现有功能创建一个新操作：找到给定数字的平方数。这个操作很直观并且几乎不触碰现有代码。我们新建了一个微服务，这个微服务调用了“乘法”微服务的已发布标准 API（见图 1-3）。结果，相较于单体应用需要重新编译、重新部署等工作，以及可能导致的停机，我们只需要编写、编译和部署一个微服务。

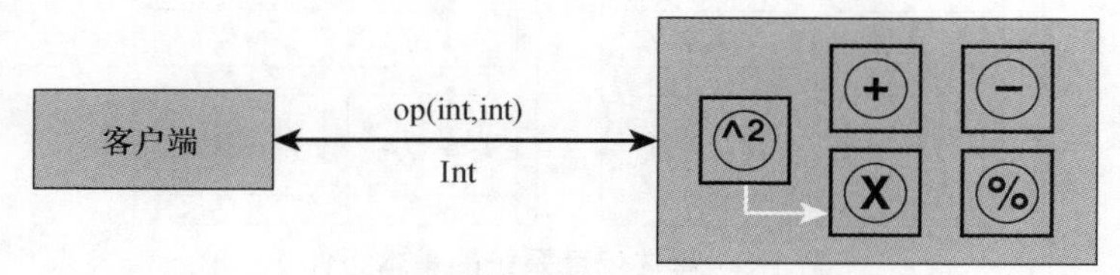

图 1-3　使用新微服务轻易地增加“平方数”功能

我们也可以创建不直接被客户端应用调用而只被其他微服务调用的微服务，如图 1-4 所示。图中客户端可能只调用第一层的 3 个微服务，然而第一层的第一个微服务也许会调用它后面第 2 层和第 3 层的两个微服务，如图中箭头所示。这两个微服务被称为辅助性微服务。

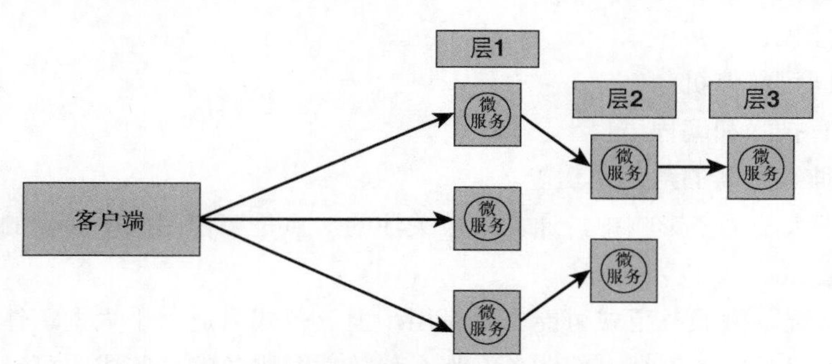

图 1-4　一个微服务调用其他微服务

微服务并非新概念，但由于单体应用带来的挑战，它最近正日趋普及。

让我们通过另一个例子来探讨这些挑战。考虑一个电子商务系统以及它可能牵涉的高层组件，如图 1-5 所示。

对于中小型企业，这个系统最初可能运行良好。运维团队构建一个软件包并将其部署到生产环境中，而且通过部署多个应用副本并在它们前面放置一个负载均衡器就可以很容易地提供水平伸缩。随着业务的增长，所需的能力也随之增加，这进一步扩大了代码和团队的规模，相应地，部署、发布和支持应用的复杂性也随之增加。随着时间流逝，应用会变得更复杂，这使其更难为应用的开发者界定清晰的代码和功能归属。此刻，事情趋向于分崩离析，组织开始面对如下挑战：

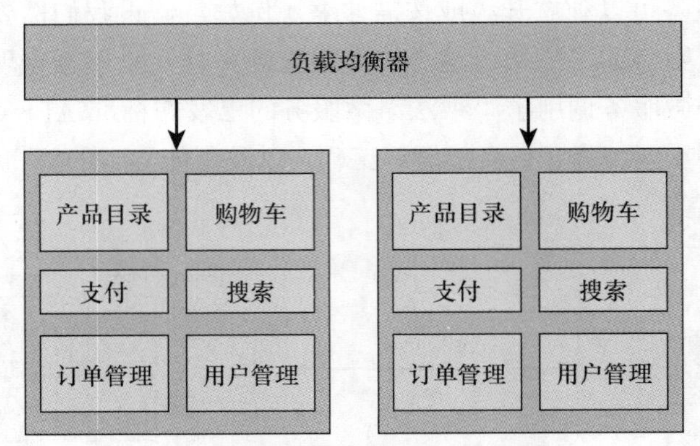

图 1-5　单体电商系统的基本组件

- 性能问题；
- 伸缩性；
- 更长的回归测试周期；
- 更长的升级和重新部署周期，导致无法部署小修补和改进；
- 计划外停机；
- 升级期间可能停机；
- 困在现有技术和编程语言上；
- 无法仅伸缩所需的组件或功能。

这些挑战带来的诸多影响中，通常未被关注的一点是工程团队所经受的挫败和随之而来的离职率的增加。

对于这些情况，微服务范式可能非常有用，但该范式只适用于大型单体应用，因为如果应用很小或者只是支撑着很小的业务，那么伴随着微服务的一些成本可能使其不值得那样去做。当企业达到这样的成熟度时，需要花费大量投入来分解单体应用；组织通常开始用微服务开发新功能，而后，基于投资回报，会慢慢开始分解旧应用。

设想一下，如果我们要升级之前例子中的购物车组件。取决于软件的架构和遗留系统，这也许不仅要添加或更新代码，也许还要对涉及购物车组件的所有代码或功能进行回归测试。它还要重新编译、测试和重新部署整个应用，这可能导致停机或拖慢应用。另外，假如一个开发人员觉得用某种新语言（例如 Scala）编写这个功能会容易和高效，这个期望可能要一直等到容许用这种新语言重写整个应用时才能满足。基本上，应用开发者受困于前人所做的选择，这样的选择也许在当时是正确的但已然不是最好的了。

让我们看看微服务对这种情况有何帮助。正如我们所讨论的，我们会把所有主要的单体组件分解成独立的微服务，如图 1-6 所示。

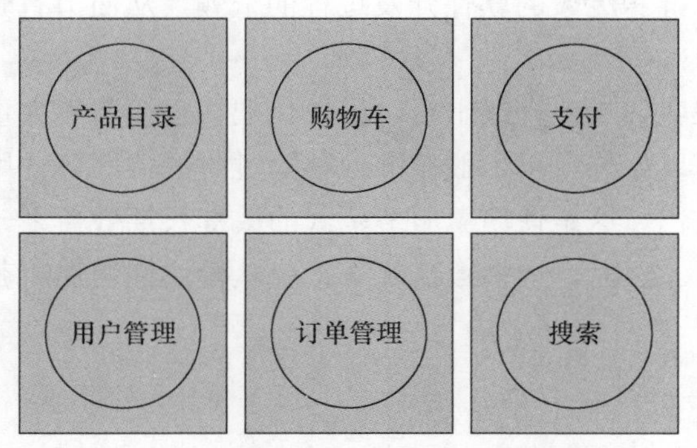

图 1-6 分解为独立微服务的电子商务系统组件

这些微服务被单独部署，并且每个微服务执行一个单独的功能。如果我们想修改购物车微服务，我们要处理更少的代码，也就是说，仅处理这个具体的微服务，而且这会更容易测试和部署。微服务不仅解决了单体服务带来的挑战，它还具有推动组织走向持续交付的若干优点。

1.2 模块化架构

如果检视整个行业的软件项目历史，我们会发现只有 29%的大型项目在指定的成本、时间和质量范围内获得了成功——依据 Standish Group 的“CHAOS Report 2016”。这意味着 2015 年的项目有 71%失败了或遇到了麻烦。失败可能是由于质量问题、没有完成、预算超支等。因此，许多意在让软件组织遵从的新实践和软件管理标准被设立起来（如 IEEE 的软件工程标准、软件测试标准）。这些标准意在通过应用最佳实践来控制复杂性。这在两个方面给予了帮助：首先，增加项目完成的机会；其次，增加了应用的使用期限或寿命。

软件应用或平台的平均寿命是 4～6 年，之后它们会由于种种原因而渐渐废弃。原因可能包括随时间变化的需求、由于遗留架构而无法伸缩、过时的技术（考虑到技术世界的变化速度）等。业界倾向于追赶下一个潮流，这意味着使用最新的技术、新架构和最佳实践来重写软件或平台。但在某些时候，必须要问一句：真的需要更改每一个组件，也就是整个软件包吗？不见得。某些组件或其部分采用新技术也许会做得更好，但那通常行不通，因为架构并没有提供模块化——能让我们用重写的代码来替换单独的软件组件或其部分。

由于我们一直在开发单体应用，因此需要遵循标准来应对复杂性。如果使用微服务范式来分解这种复杂性，我们最终会得到一个显著增加使用期限的模块化架构。此外，我们可以立即减少对诸多标准和庞大的软件开发过程的依赖，从而节省时间，进而加快整个软件开发的生命周期。

除了流程效率，在我们想要升级平台时模块化架构也会节省大量开销。不同于一切从头开始的方式，我们可以如外科手术般精准地移除过时的微服务并用正确的技术和设计实现新的微服务来替换它们。这是使用微服务范式的关键长期效益之一，并且是其区别于其他范式的显著优势之一。然而，大多数情况下，仅从模块性增加所获得的收益就使基于微服务的方法值得投资。

1.3　微服务的其他优点

除了我们目前讨论的内容，微服务还为组织及其工程师带来了如下好处。

- **简单性**。由于每个微服务仅完成一个清晰明确的功能，因此需要处理的代码更少，代码内部的内聚和依赖更低，产生 bug 的可能性也更小。
- **伸缩性**。要扩展单体应用，我们需要在负载均衡器后面的几台服务器上部署重资源的应用。不可能只对应用的一部分进行扩展，要么不做要么都做。使用微服务，我们可以只扩展那些预期有很高负载的组件，如图 1-7 所示。提供不同级别的伸缩性非常容易并且是微服务的显著特征。

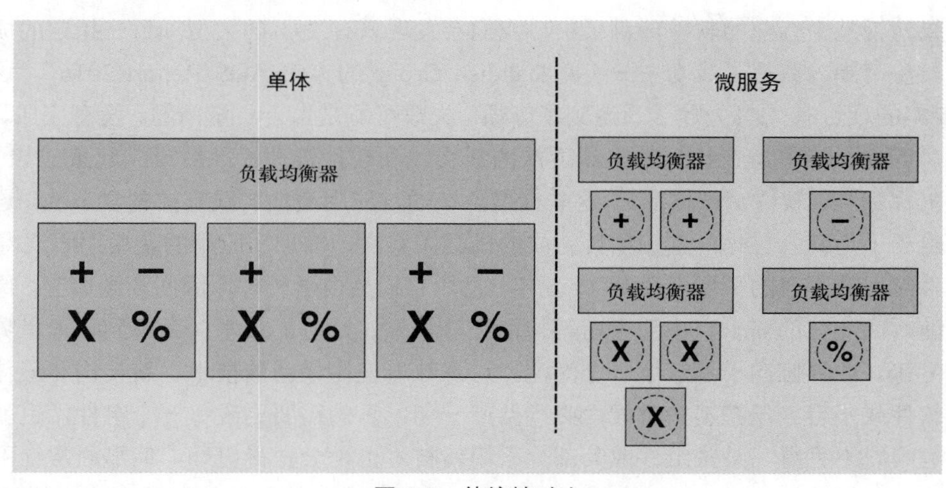

图 1-7　伸缩性对比

- **持续交付**。由于代码库中更少的相互依赖以及更快的开发周期，微服务范式支持持续交付和 DevOps 文化并对其有实质帮助。
- **更大的自由和更少的依赖**。微服务需要独立自主。一个开发团队能够专注于自己的微服务并自由地增强功能而无须担心破坏其他微服务，只要他们遵守接口契约或实现向后兼容的新契约。
- **故障隔离**。故障隔离是指系统的一部分发生故障不会导致整个系统崩溃。也就是说，这个故障与整个系统是隔离开的。对于单体应用，系统任何部分的故障都会搞垮整个系统，因为系统是一个可执行程序或进程。对于微服务，一个微服务中的故障可能会导致受影响的微服务崩溃，但它未必会搞垮整个应用，因为受影响的微服务运行在自己的进程空间中。例如，在一个基于微服务架构的电子商务系统中，如果产品评论的微服务崩溃了，用户仍旧可以查看库存、挑选物品、检查购物车以及下订单。然而，他们在评论微服务的问题得到解决前无法查看评论。如果这个应用是单体的，评论服务的问题可能会让整个应用停机。
- **数据隔离和去中心化**。单体应用通常使用一个中央数据库来存储和共享所有数据，与此不同，微服务提供了隔离这些数据的机会。通常，每个微服务拥有自己的数据并且不与其他微服务直接共享自己的数据。
- **选择**。单体应用中所有应用组件必须使用单一的数据库、平台和编程语言，与此不同，基于微服务的应用提供了为具体工作选择最好工具的机会。一个微服务可能使用 Linux 操作系统上的 Oracle，另一个微服务则可能使用 Microsoft 平台上的 NoSQL 数据库。没必要再长期委身于技术栈。

1.4 微服务的缺点

没有什么是免费的。要想获得微服务提供的所有好处，必须付出一些代价。如果迈向微服务，我们需要关注这种架构带来的挑战。不过，不必担心。接下来，我们要学习如何使用某些系统和应用来应对这些挑战。现在，让我们列出微服务带来的一些挑战。

- **故障排查的复杂性**。微服务通过微服务间的通信来提供所有能力，这增加了潜在的故障点。因此，这让回答下面这类问题变得更加困难：
  - 系统在给定的任何实例上是否健康？
  - 如果最终用户报告了性能缓慢或超时这样的问题，该从何处着手开始排查？

在单体应用中，端到端地追踪请求更为容易。然而，在基于微服务的应用中，每个最终用户的请求可能被分解成多个请求并触及多个微服务来获得响应。故障排查可能会变得有点棘手。

- **增加的延迟**。进程内通信（就像在单体应用中使用的那种）要比微服务使用的进程间通信快得多。
- **运维的复杂性**。面对实际应用中成百上千的微服务，运维团队需要应对复杂的基础设施、部署、监控、可用性、备份和管理问题。某种程度上，我们正将单体架构的复杂性迁移至微服务的系统层面。尽管如此，这种复杂性可以通过高层自动化来处理。
- **版本控制**。由于基于微服务的应用也许有数以千计的微服务，版本控制和管理变得有点复杂。这需要更好的版本控制和管理系统。

第 2 章

转换到微服务

第 1 章对比了微服务和单体架构。理解了两者之间的差异，就可能正试着回答这个问题："微服务适合我的团队吗？"如果已经在承受日益增长的单体架构之痛或者正计划构建一个单体系统，那么有必要看看微服务，否则就没有理由转换到这种架构，因为考虑到牵涉的工作，微服务并不适合中小型服务架构。每个微服务都伴随着一定程度的额外工作，而这些额外工作对于单体架构是没必要的：每个微服务都需要 API 集、进程监控、用于性能/高可用的负载均衡等，而并不仅仅是在应用层面。实际上是在用微服务的运维复杂性来代替单体应用的代码复杂性，如果系统还没有这种复杂性，就会增加不必要的复杂性。为此，当朝着这个范式前进时，一定得小心翼翼，否则可能适得其反。

本章列出了评判各种应用是否适用基于微服务的架构的标准。通常，执行者和管理者都在寻求潜在的商业案例或投资回报。我们通过一些简单的成本效益建模和企业投入来简要讨论这些考虑事项。

2.1 疲劳与属性

那些展现出如下一些疲劳症状的单体应用架构尤其适合转换到微服务架构：

- 部署过程困难且耗时；
- 让开发人员 IDE 超负荷的庞大复杂的代码库；
- 非均衡的伸缩要求（例如，有些功能需要比其他功能更多的伸缩）；

- 开发、测试和部署成本高；
- 由于太多相互依赖而导致代码质量随时间下降；
- 由于单个组件故障导致应用故障。

通过进行全面的调查来了解这些疲劳并将其清晰地文档化。而后，试着确定如下一些特性是否可以为当前应用增加价值：

- 围绕业务能力组织服务；
- 独立或部分地部署服务；
- 异步通信；
- 为了提高性能，将应用服务的不同部分替换成不同的平台组件、编程语言和数据库；
- 持续部署和持续集成；
- 每个工程团队负责并了解特定的业务领域，比如订单管理或购物车。

从这些方面进行思考将让读者很好地了解自己所处的位置以及向微服务范式过渡是否有意义。一旦花费大量工作采用基于微服务的范式，就再也没有回头路了。因此，在做决定之前还必须注意由于这种迁移而对企业产生的独特要求。

- **文化改变**。企业理念必须接受工程团队的角色转变——从功能角色转换到以业务为中心并且共担目标和职责的角色。这意味着需要组建由产品经理、研发、测试和运维组成的联合团队，集体领导并对相应的微服务负责。这还要求在人员招聘、现有人员培训以及新系统、工具和软件上进行投入。此外，整个软件生命周期中需要大量自动化来确保成功。
- **运维流程**。使用微服务范式，组织的运维流程和结构都需要改变。微服务范式要求更多的跨职能结构来负责微服务的部署、支持、升级和维护。当前用来测试和部署单体应用的运维流程要被分解为多个大规模流程来支持成百上千自给自足的微服务并支持它们之间的通信。

2.2　组织的学习曲线

对于当前处理与支持单体应用各个方面的工程与运维团队，有一个全新的学习曲线。这个学习曲线可以由如下向基于微服务的应用转换所需的新实践来定义。

- **独立微服务**。作为一个大单元存在的单体应用为了伸缩而部署在多个主机上。对于微服务，有成百上千个独立服务，所有这些服务都需要同等的关注。

- **微服务发现**。微服务的数量越大，我们遇到的复杂性就越大。比如，我们需要考虑如何发现微服务，也就是说，我们要如何以及在何处创建微服务的清单目录。其他挑战包括按需伸缩和版本控制，这涵盖了不再需要的退役服务。好消息是，像 Consul、Apache ZooKeeper 和其他第三方产品这样的各种应用能够解决这些挑战。这些挑战创造了雇用新员工或保留现有员工的需求，这可能要占用很大一笔投资。
- **微服务间通信**。确定所有服务和外部世界之间如何通信，包括考虑客户对响应时间、延迟、重试次数等方面的预期，还包括没有满足这些服务水平协议（SLA）或预期时会发生什么。可能需要建立标准的通信接口。
- **微服务测试**。单体应用的测试实践和原则并不适用基于微服务的应用。虽然测试每个自给自足的微服务很容易，但随之而来的挑战是测试成百或成千个微服务组成的完整应用。这需要应对大量的活动部件，因而集成测试变成了整个测试中最为重要的环节。通过建立最佳实践和将测试用例自动化可以解决一些测试复杂性问题。
- **微服务伸缩**。对于微服务，伸缩变得更容易和高效。可以按需扩大或收缩所需要的服务，但这需要付出一定的代价。首先，微服务的设计必须考虑到伸缩的需要，也就是说，要清楚每个微服务的使用需求。其次，伸缩必须自动化，这需要在 Mesos 和 Marathon 这样的框架上进行一些投入和学习。我们在之后的章节中会深入探讨这些框架。
- **微服务升级**。表面上看，升级每个微服务听起来可能很简单，因为每个微服务是自给自足的，所以不应该造成任何破坏。如果新版本包含的是不影响外部世界的简单修改，这可能真的很简单，但当修改影响其他依赖服务时，升级可能就不是那么简单了。必须确保其他服务跟着使用新功能或者新服务向后兼容。
- **微服务安全**。安全始终是最重要的，考虑到当今的网络安全威胁，在设计期间确认安全变得尤为重要。需要得到处理的一些方面包括微服务到微服务的安全、客户端到微服务的安全、动态数据和静态数据的安全。有些标准，如 OAuth 和 OpenID，可以用来处理安全性的某些方面，但其他方面必须得到周全的考虑以便平衡安全需要和易用性。
- **微服务管理**。无论采用何种软件架构或范式，应用管理对于运营和支持的全面成功都是关键要求。管理微服务比管理单体应用更为复杂。现有的监控和管理工具或实践也许并没有那么大的帮助。我们不得不应对像容器这样更复杂的新系统和技术，而不是一些服务器和应用。因此，一个用于配置、监控和诊断的单一界面管理系统（例如，单个界面）可能非常有帮助。

- **监控微服务**。随着成百上千的微服务散布在分布式系统中，将会有非常多的活动部件。适当的检查和衡量必须就位，这既要位于基础设施中（CPU、内存、IO 性能），也要在应用层面精细地设置（应用日志文件、API 调用性能）。运维和工程团队应该很容易拿到从这个监控层面获取的数据并用它来指导行动和改进服务。
- **配置微服务**。任何服务都有开发人员为其提供的各种配置选项，这些配置选项提供了生产环境的灵活性并使根据不同条件调整服务变得容易。这类配置包括缓存、伸缩参数、线程数、应用特定功能的标志、数据库连接等的设定。为数以千计的服务管理这些配置很可能是一项烦琐的工作。有很多工具可以用来解决这其中的一些问题，因此简单起见，必须选择正确组合的工具集来创建通用接口。
- **微服务故障处理**。当微服务发生故障，之前讨论的检查和衡量就会提供帮助，但设计系统时需要考虑到故障是不可避免的。每个微服务应该以这样的方式构建：一个服务所依赖的服务发生故障不应该对该服务的性能造成任何问题，更别说让整个系统挂掉了。最终目的应该是建立自愈系统。

根据所有这些信息，组织必须为这一转变做好充足的准备并能够分配适当的资源来促使转变成功。只有当权衡所有这些关注点之后，才能制定决策。建议建立一个差距清单来轻松地传达和理解转换到微服务范式所需的投入水平。

2.3　微服务的商业案例

考虑到我们目前讨论的所有问题，可能很难理解和构建微服务的商业案例。读者也许在想，如果构建和维护基于微服务的应用更加困难，为什么要在这方面投入呢？它肯定会更加复杂，而且培训现有人员和改变组织文化的初期工作可能非常繁重，然而长期收益不仅仅会超过初期投入，而且从长远来看它还会带来节省和其他优势。我们需要一个非常基本的分析来帮助理解或构建商业案例。

使用单体架构构建的软件平台的平均寿命通常是 4～5 年，并受如下因素影响：

- 不断变化的需求和客户要求会促使现有功能过时；
- 新的业务需求；
- 缺乏调整或改变现有架构的灵活性；
- 缺乏伸缩；
- 过时的技术；
- 过时系统和随着时间增长起来的流量所造成的缓慢。

面对这些因素，企业开始研究新技术，通常决定投资新平台或下一代平台。这被称为平台更新周期。从业务视角看，所需的所有改变都合情合理，因为客户预期和交付模型都随时间发生变化。企业所担心的是每个周期在金钱和时间上的高昂投入。这种担心也合情合理，因为它影响企业的盈利底线。这正是微服务能够有所助益之处。让我们做一个高层分析来证明这一点。

2.4 成本构成

让我们用一个假想的例子来探查单体平台生命周期的成本构成。

- **构建成本**。从头开始构建一个软件平台的成本，该成本涵盖了软件开发生命周期的所有阶段，例如分析、设计、开发、测试和发布，这将是平台更新周期的最大投资。我们将这个成本称为 M_{CTB}。
- **维护成本**。软件平台正常的维护和支持，比如应用操作系统补丁和维护基础设施。我们将这个成本称为M_{CTM}。
- **变更/升级成本**。项目生命周期中添加新功能、修复缺陷、重新测试、回归测试和发布的成本。我们将这个成本称为 M_{CTU}。
- **伸缩成本**。随着用户基数的增长，随时间适当地伸缩平台来维护系统响应时间和性能的成本。我们将这个成本称为 M_{CTS}。
- **投入市场的时间**。构建软件平台或给定更新所要花费的时间。花费在从分析到发布平台或更新上的时间。我们将这个成本称为 M_{TTM}。

为了比较，让我们假定如下成本是使用微服务架构构建同一软件的成本，微服务相关的成本有所不同。

- **构建成本**：S_{CTB}。
- **维护成本**：S_{CTM}。
- **变更/升级成本**：S_{CTU}。
- **伸缩成本**：S_{CTS}。
- **投入市场的时间**：S_{TTM}。

那么，哪种平台架构更划算？让我们根据前面的每个变量来比较单体和微服务。

- **构建成本**：$\mathbf{M_{CTB} < S_{CTB}}$。如果已经有一个应用，必须考虑所有需要的新投入，如培训员工、改变文化、招贤纳士以及更新工具和系统。考虑到这些因素，构建微服务应用的成本也许要比构建单体应用的成本高得多。相比之下，如果正启动一个全新

的软件项目，那么成本也许不会差那么多，这取决于当前的组织能力。考虑到系统和工具需求，构建单体应用的成本也许仍然会比较低，但不会低太多。

- **维护成本**：$M_{CTM} > S_{CTM}$。维护硬件及应用补丁在某些情况下可能需要停机。有很多开源技术能够将从部署到故障隔离的各种工作自动化。我们之后会介绍许多这样的工具。例如，容器化微服务及向 DevOps 转型将可以按需启动新的服务容器，这可以节省大量 IT 时间并带来高效的资源利用，因而在降低整体维护成本的同时减少了停机的可能性。
- **变更/升级成本**：$M_{CTU} > S_{CTU}$。使用微服务范式的一个关键优势是升级现有功能（微服务）或添加新功能极其简单，与之相比，处理单体应用则非常复杂——可能要重新构建整个应用。关键区别是花费在升级、构建、测试和部署只完成一个功能的微服务与整个单体应用上的时间和工作量，后者仅构建也许就要花费数小时而且很容易出现人为错误。再者，当比较测试和部署工作时，如前所述，微服务比单体应用更短更快，某些情况下，单体应用可能需要停机。
- **伸缩成本**：$M_{CTS} > S_{CTS}$。按需伸缩是微服务提供的关键价值，与之相比，单体应用需要启动整个应用的另一个实例。与单体应用不同，可以通过自动启动服务容器来只伸缩那些表现出压力迹象的组件（微服务）并且当服务需求减少时销毁掉这些容器。这种方法不仅节省工作，而且节省硬件/软件资源，如图 2-1 所示。

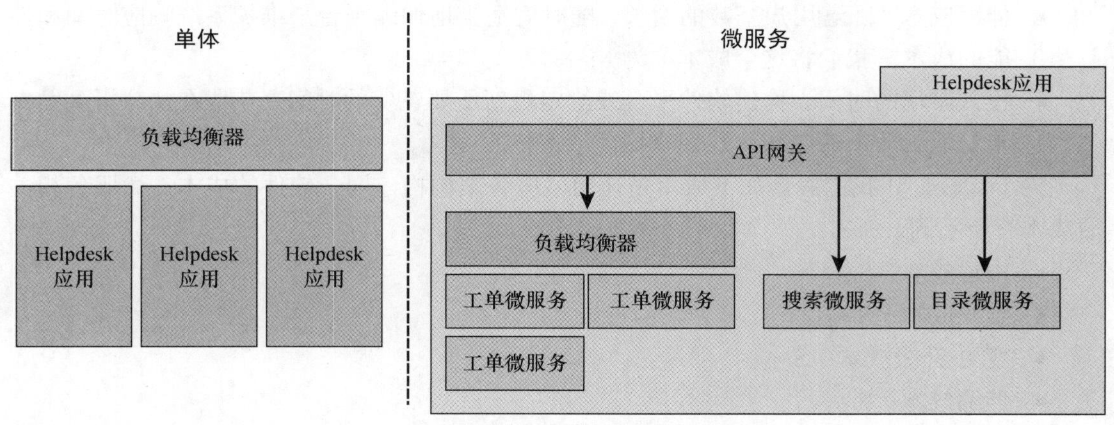

图 2-1　伸缩性比较

- **投入市场的时间**：$M_{TTM} > S_{TTM}$。有两种方式审查投入市场的时间。第一，多数情况下，添加新服务并使其在生产环境上线要比更新单体应用更快。第二，考虑到微服务范式的模块化架构，微服务连同容器开启了称之为 DevOps 的另一种企业一直为之奋斗的软件交付方法。实际上，微服务和容器是 DevOps 成功的关键。DevOps 为运行一个成功的软件平台提供了 4 个关键要素：

- ♦ 速度；
- ♦ 稳定性；
- ♦ 性能；
- ♦ 协作。

DevOps 确保了敏捷性，因而保证了投入市场的时间。企业努力将其产品快速推向市场来维持竞争优势。快速投入市场的时间本身也许就是迁移到微服务模式的最大回报。

- **未来的更新周期**。正如讨论的那样，基于单体架构的软件应用有一个有限的平均使用期。一旦该使用期到了，企业通常会开始新的周期，这最终又会耗费初始的 M_{CTB}，以及其他种种花费。但微服务实际上打破了整个周期概念，因为它们可以做到如下这些事情。
    - ♦ 提供了根据业务需求添加和删除微服务的灵活性，考虑到模块化架构，这应该是一目了然的。
    - ♦ 通过在负载均衡下添加和删除服务来按需扩展和收缩系统。
    - ♦ 根据需要，替换每个微服务的过时技术，将成本最小化。

  考虑到微服务范式提供的所有灵活性，新业务需求可以根据需要进行安排，而且系统可以跟上不断变换的业务需求。因此，未来几年里都不再需要使用新的一代替换整个平台了。

将所有成本谨记于心，基于微服务的架构的净成本肯定会比单体架构的总成本小得多。随时间推移的花费可能看起来如同图 2-2 所示，微服务的净成本更低。两条成本曲线的相交点取决于项目的类型、范围和规模。

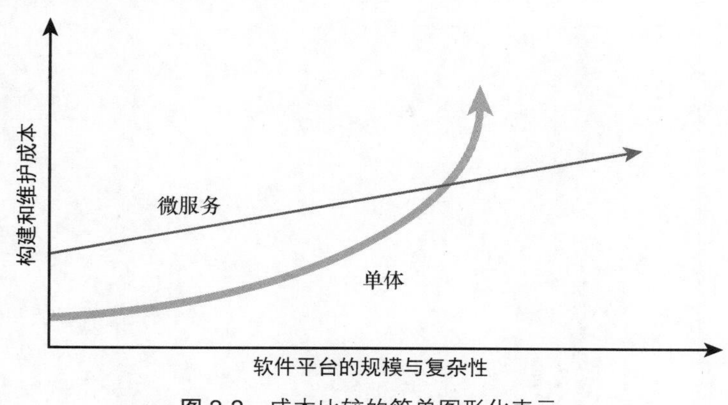

图 2-2 成本比较的简单图形化表示

结束这个商业论证：以成本节省表现的净收益会伴随微服务而来，但这要随着时间推移才能发生。这确实需要初始投资并且企业要认同。如前所述，对于多数企业而言，仅仅是在投入市场的时间上获得的收益就远远超过了所有其他收益。

当决定是否投资基于微服务的架构时，企业必须考虑到优势、牵涉的学习难度以及成本效益分析。

第3章

进程间通信

在单体架构中，组件内通过函数、方法或模块调用进行通信，多数情况下这非常简单明了。但当构建微服务架构时，设计和实现进程间通信则要复杂得多。由于已经有经过验证的技术来管理微服务中的进程间通信，加上这也不是本书的关键主题，因此在本章我们只是回顾一些最佳实践。

3.1 交互的类型

微服务常常通过 API 或 Web 服务来暴露其功能。要通过网络使用 Web 服务，基本上有两种通信/交互模式。

- **同步通信**。这种交互中，客户端期望即时响应并阻塞其他所有事情（如 HTTP 请求/响应）。
- **异步通信**。这种交互中，不期望服务会立即响应。客户端发起服务调用然后继续自己的工作。例子包括发布/订阅以及 HTTP 请求/异步响应。

正如我们在第 1 章中所讨论的那样，异步通信是微服务之间交互的首选方式。试想如果微服务之间使用同步通信会发生什么。客户端将被阻塞，直到它接收到另一个服务的响应后才会继续它的工作。如果服务停止或出现错误会发生什么？这种方式不能很好地伸缩，我们会失去微服务的大部分优势。因此，异步通信是更好的选择。

当使用异步通信时，客户端向另一个微服务发起请求并继续其他工作，同时它会通过监听线程来监听进入的响应。响应一到，监听线程就处理它们。被访问微服务中的问题不会对客户端产生影响。其结果是通过松耦合的服务提高了伸缩性。

另一种方法是使用发布/订阅，发布者发布消息到消息总线上，比如 Kafka。订阅者在消息总线上注册其感兴趣的消息并获取这些消息进行处理，同时忽略掉其他消息。一旦处理后，它们可能会发布结果而最初的发布者可能会获取它，这取决于所用的消息交换模式。

3.2 准备编写 Web 服务

总的来说，开发者在准备编写 Web 服务时要确定 3 件事情。

（1）**协议**。谈及 Web 服务协议时，都知道 HTTP 是黄金标准。它是 Web 浏览器使用的相同协议，所以它经受住了时间的考验。该协议最大的优势在于其非常轻量并且基于简单的请求/响应模型。通过该模型，客户端生成并发送一个 HTTP 请求，而服务器执行所需的行为并生成和发送回一个 HTTP 响应。

（2）**Web 服务标准**。有 3 个主要选择：

- RESTful 是广泛接受和推荐的；
- SOAP 很笨重，它需要客户端和服务器端实现；
- Data 是一种用来构建和消费 RESTful API 的开放协议。

RESTful 是基于 HTTP 的请求和响应的。它比 SOAP 更轻量，并且这是它取胜之处。再者，RESTful 服务没有状态并且可以缓存，这使它们更快，这对于支持移动请求是至关重要的。

（3）**消息格式**。有许多已被完全接受的常用消息格式可供选择，包括 XML、RSS 和 JSON。然而，许多开发者钟爱的是 JSON，这主要是因为它是基于文本的而且人类可读。此外，有很多库可以很容易地将 JSON 转换为对象以及将对象转换回文本形式。由于 JSON 无须忍受语法的过度负担，因此 JSON 数据比 XML 数据更小，这意味着处理会更快，因为可以花更小的带宽发送和接收消息。JSON 尤其适用于手持和移动设备，比如手机和平板电脑，它们存储有限、计算轻量，而且在网上传输消息的带宽要求低。

由于不同的人有不同的需求和偏好，因此本章中给出的只是建议，读者可以依据自己的需要、性能要求和方便程度做出自己的选择。

3.3 微服务的维护

一旦建立起微服务之间的通信，需要让它们保持更新并维护它们。广为接受的格言“变化是永恒的”也适用于软件。改变现有功能的要求总是随着新需求蜂拥而来，在某些情况下会迫使更改这些 Web 服务。如我们已经讨论的，这是微服务复杂性的一个方面。下面是为应对不断变化的需求而需要考虑的一些事情。

- **支持现有的客户端实现**。当修改微服务的核心功能时，有些时候不得不升级接口。必须顾及微服务的向后兼容性，因为很可能有一个或多个其他微服务（消费者）正在使用这个公开的接口进行通信。因此，一定要确保仍然支持旧版本，直到作为消费者的微服务团队改变其实现来使用新接口。
- **故障保护设计**。如果被调用的 Web 服务坏了，可以用一些方法来解决，但最简单的方法是在客户端代码中加上超时。在服务提供方，通过返回适当的错误码来涵盖错误情况，或者在一些情况下返回默认值。这种做法还会改善故障排查工作。
- **监控**。通过定期调用每个微服务或通过其他方法主动监控微服务。任何微服务坏都需要采取适当的行动。也许要进行良好的平衡，因为用于监控的调用会造成额外的流量。可以使用 Marathon 这样的框架来实现可用性、编排和诸如此类的东西。例如，如果想运行两个微服务实例，但其中一个出现了故障，这时 Marathon 拥有的心跳检测机制就可以发现它并会启动另一个 Web 服务实例。
- **队列**。当构建异步 Web 服务时使用发布/订阅方法。这么做的优点是即便服务停了，但当服务恢复后，它会从总线上获取请求。

当将单体应用转换成微服务架构时，会产生几百个微服务以及用于在这些微服务之间通信的数千个 Web 服务或消息服务，所以遵循这些领域的最佳实践是极其重要的。

3.4 发现服务

当拥有成百上千的微服务时会发生什么？此外，每个微服务还得提供几个 Web 服务，即使是为了相同的功能，例如，一个基于客户端的不同的 Web 服务。这在单体架构中不是一个大问题，因为客户端只发起一次调用，应用会处理其余的事情。但在基于微服务的架构中，有两个大问题：

- 客户端要同时调用多个服务来完成它们之前在单体应用中一次调用所完成的相同功能；
- 客户端必须知道服务的位置。

让我们用一个例子来说明。比方说有个用户正在访问一个图书管理应用并想看看他的账户页面。账户页面展示了书籍借阅历史、推荐、当前购物车、支付信息、账户设置等。如果这是一个基于单体架构的应用，当用户点击“我的账户”时，服务调用将为他展示“我的账户”页面，而在后端，应用通过调用各种功能和查询数据库来完成工作。对于手持和移动设备，考虑到设备的现实状况和处理能力，可能需要一组不同的调用或一部分不同的调用，这增加了复杂性。

当使用基于微服务的架构时，客户端要负责调用所有需要的微服务，例如购物车结账、支付信息和账户设置。这种方式效率很低，而且会导致一种刻板（或“硬编码”）的做事方式。我们会失去做出改变的灵活性，比如在需要时将一个微服务进一步切分为几个微服务，或相反的情况。

另外，客户端不得不了解“我的账户”页面需要调用的所有微服务的地址。因此，我们需要一个作为整体入口点的系统，以便为客户端、外部调用以及其他系统保存最新的微服务地址。

3.4.1　API 网关

API 网关解决了第一个问题并且充当了所有调用的入口点。它负责接收客户端请求、调用所有需要的微服务并传回来自各微服务的聚合结果，从而完成客户端请求。使用 API 网关，客户端只需发起一次服务调用。该模型提供了诸多优势：

- 对客户端隐藏了应用内部的复杂性，因而简化了客户端代码；
- 为根据需要变更、组合、分离、添加或移除微服务提供了更大的灵活性；
- 减少了客户端和应用之间的往返，因此提高了效率。

API 网关也可以作为负载均衡、认证、监控和管理的点。它可以为不同客户端提供不同 API，如 Web 端和移动端，并对请求进行优先级处理。

该模型最大的缺点是，API 网关可能成为单点以及性能和开发方面的瓶颈。考虑到这个 API 网关需要由多个团队定制、配置和维护，因此这个过程必须简单高效。例如，它必须随着我们修改、添加和删除微服务而持续更新。从运行性能的角度看，弹性负载均衡器将确保满足性能和可用性指标。

3.4.2 服务注册中心

随着数以千计的微服务就位，API 网关还需要知道像所有服务的 IP 地址这样的位置信息，以便可以完成它的工作。服务注册中心背后的理念是提供一个包含所有微服务及其位置信息的数据库，需要时可以查询这个数据库。微服务的开发人员需要负责创建和维护服务注册中心。

逻辑应该是这样的，当微服务启动时，它将自己注册到这个服务注册中心。当客户端发起调用时，API 网关查找所需微服务的地址，进行相应调用，并聚合结果以完成客户端请求。在较高层面上，这是需要的，但我们知道，事情并没有那么简单。

假如注册数据丢失了会怎么样？我们有几个开源工具可用来发现微服务并确保它们启动和运行，以解决这个问题，如 Consul 和 SkyDNS。Consul 是成熟的发现工具，它能使用自定义的 DNS 名字访问微服务并将这些信息保存在注册中心中，还能进行持续的健康检查并保持集群健康。

3.5 融会贯通

让我们来看一个简单的系统而后基于我们所学的知识来扩展它。图 3-1 展示了一个基于微服务的简单模型。在这里，客户端负责调用所有微服务来完成用户请求。

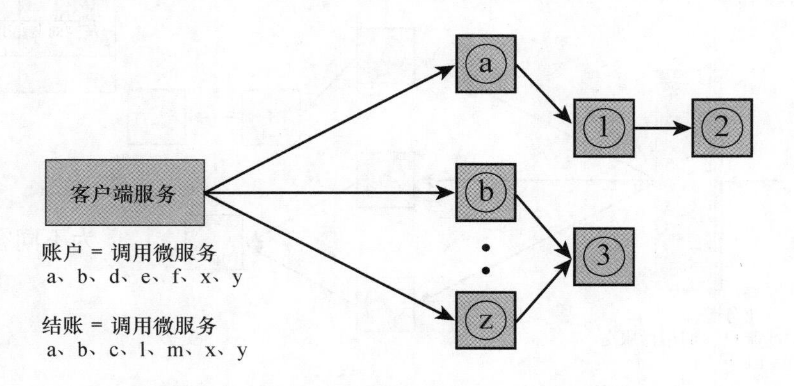

图 3-1 简单模型（其中客户端负责调用每个微服务）

让我们添加一个 API 网关来封装应用的所有业务逻辑并向客户端服务隐藏这些复杂

性。通过单个调用完成工作让客户端变得更简单，如图 3-2 所示。

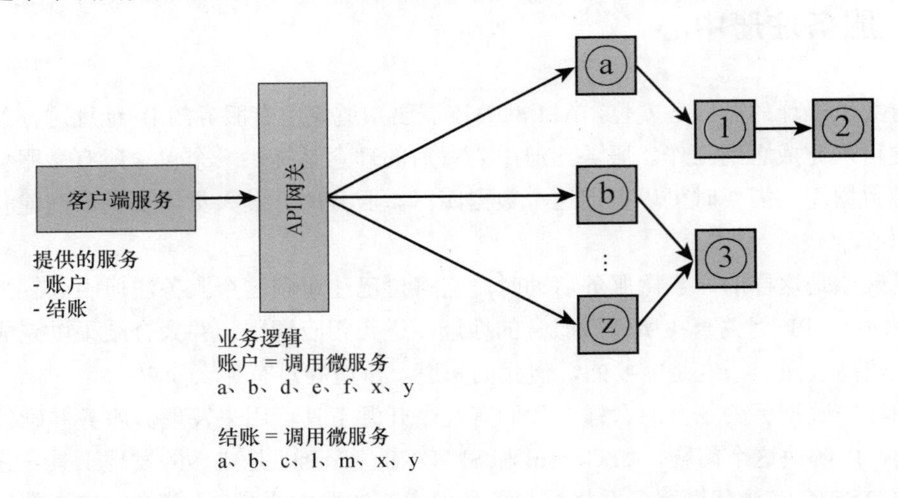

图 3-2　添加了 API 网关的基于微服务的模型，能够通过单个调用完成工作

现在让我们添加一个服务注册中心，以便 API 网关能够根据需要查询它，从而了解每个微服务的地址。正如我们所讨论的，所有微服务（图 3-2 中 a 到 z 和 1 到 3）注册到注册中心和 API 网关。当新请求到来时，API 网关确定需要调用什么微服务，而后它从注册中心查询它们的地址并发起调用。此外，它聚合结果并将 HTTP 响应发送回客户端，参见图 3-3。

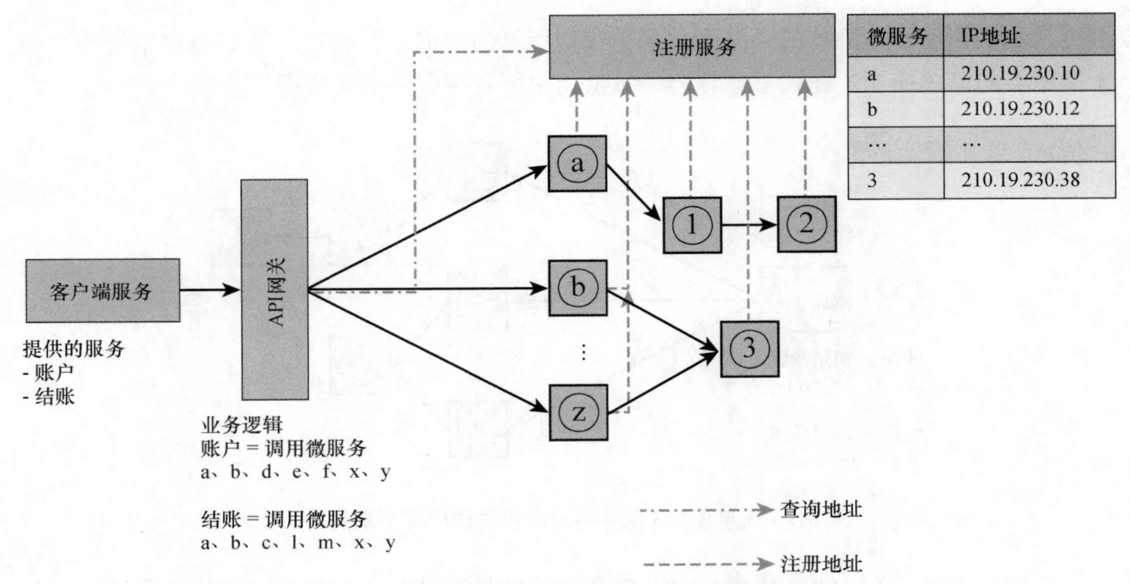

图 3-3　包含服务注册中心的基于微服务的模型

这看起来有点复杂，但实际上非常简单。既然微服务的关键优势之一是伸缩以适应使用的能力，让我们更进一步，试着伸缩单独的服务。所需的全部工作不过是在需要伸缩的地方添加一个额外的负载均衡器。负载均衡应该在微服务级别上进行，这对伸缩性至关重要，同时也要在 API 网关和服务注册中心上进行负载均衡，因为它们可能成为瓶颈。图 3-4 中描述的模型是合理的。

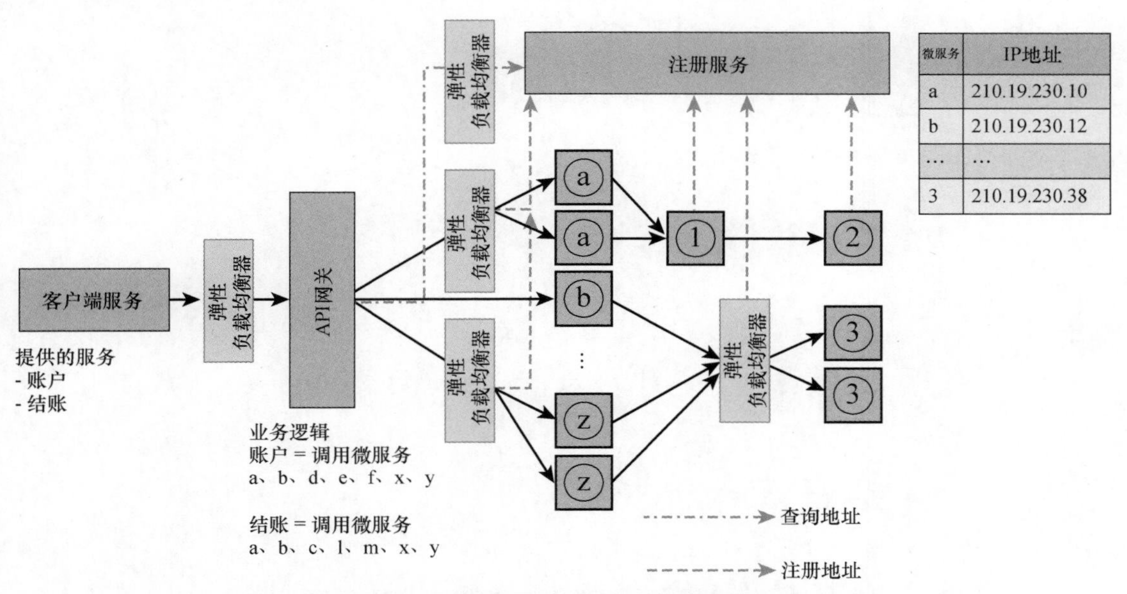

图 3-4 带有额外负载均衡器的基于微服务的模型

在第三部分中，我们会了解更多有关如何伸缩基于微服务的应用，那时读者会看到使用 Docker 的实践示例。

第 4 章

微服务的迁移与实现

至此，我们了解了什么是微服务以及它们如何工作。如果你仍在阅读，我已经达到了第一个目标：激发你足够的兴趣，让你考虑自己实现微服务！现在是时候转入正题了，也就是说，如何切换到微服务这一关键主题。

4.1 转换的必要性

回想一下，单体应用非常大（就代码行数[LoC]而言）并且非常复杂（就功能的相互依赖、数据等而言），为成千上万不同地理区域的用户提供服务并且需要一些开发人员和 IT 工程师。单体应用可能看起来与图 4-1 所示类似。

有时，即便有这些特征，应用可能一开始也运行良好。应用也许没有在伸缩性或性能方面遇到挑战。但随着时间和使用量的变化，问题将会出现，并且不同的应用会出现不同的问题。例如，对于云或者 Web 应用，也许会遇到由于更多用户使用服务而带来的伸缩性问题，或者由于构建时间和回归测试变长而使定期发布新更新变得昂贵和困难。如图 4-2 所示，单体应用的用户或开发人员也许会经历图右侧所列的一个或多个问题。

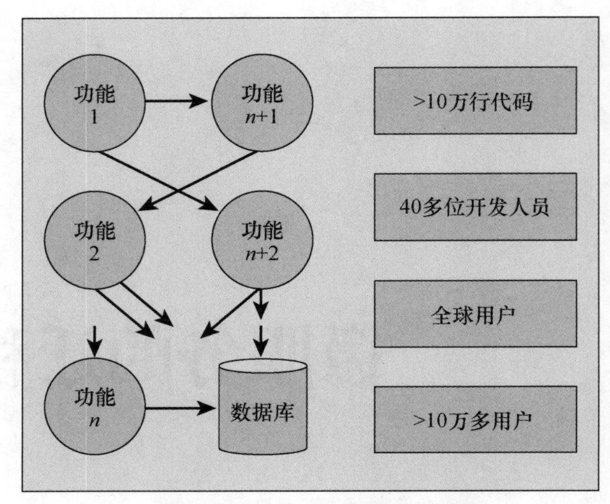

图 4-1 单体应用的基本结构

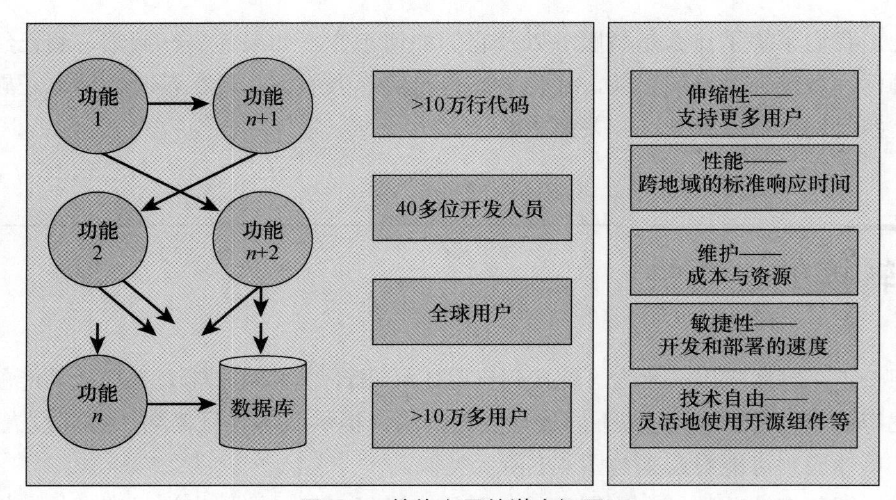

图 4-2 单体应用的潜在问题

迁移到微服务开始听上去不像是一个时髦的想法，而像一个大救星。我们在之前的章节中已经了解了一些微服务的知识，因此我们知道转换将像图 4-3 所示的应用那样。

所以，我们该如何做出这样的改变？有两种可能的情况：创建一个全新应用，转换或迁移一个现存的单体应用。虽然后一种情况更有可能发生，但无论当前状况如何，都应该了解这两种情况的来龙去脉。

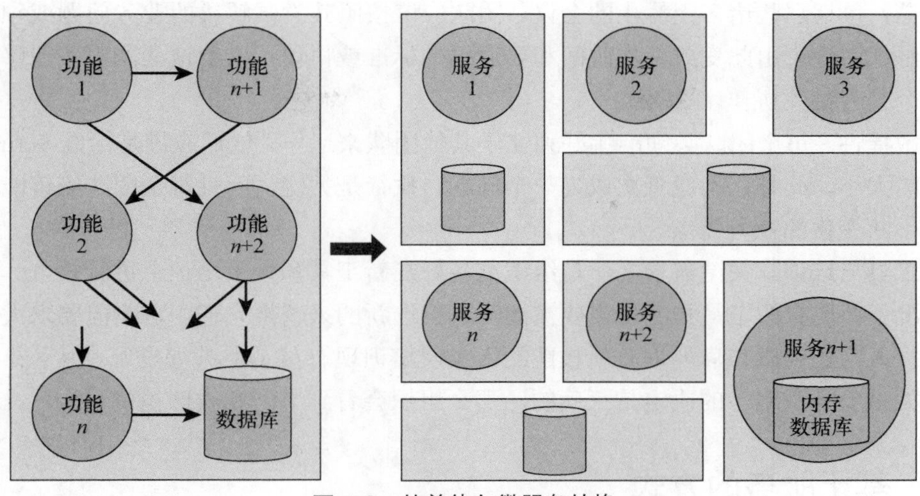

图 4-3 从单体向微服务转换

4.2 使用微服务创建新应用

开始前，先声明一下，我并没有看到过多少从头构建基于微服务应用的现实案例。常常是，应用已经在那了，我处理的大多数应用更多是从单体架构转换到微服务架构。在这些情况中，架构师和开发者总是意图复用一些现有实现。随着技能在市场上变得易于获取并且一些成功的实现被公布出来，我们将看到更多从头构建基于微服务的应用的例子，因此讨论这个场景是非常值得的。

假设所有需求已经梳理清楚并且要构建的应用准备好进入架构设计阶段。一旦开始，需要考虑许多常用的最佳实践，之后的部分将介绍这些实践。

4.2.1 组织的准备情况

如在第 2 章中所讨论的，要问自己的第一个问题是：组织准备好转换到微服务了吗？这意味着组织的各个部门现在要以下面这样的不同方式来思考构建和发布软件。

- **团队结构**。单体应用的团队（如果有一个团队）需要被分成几个了解微服务最佳实践或接受过培训的高效小团队。如图 4-3 所示，新系统将由一组独立的服务组成，每一个负责提供特定的服务。这是微服务范式的一个核心优势——它减少了沟通开销，包括那些诸多无休止的会议。团队应该按照其尝试解决的业务问题或领域进行组织。沟通由此变成关注时间和要遵循的标准或协议，以便这些微服务能够作为一个平台彼此协作。

- **敏捷性**。每个团队必须准备好独立于其他团队来运作。他们应该是标准 Scrum 团队的大小。此外，沟通再次成为一个问题。执行是关键，而且每个团队应该能够应对不断变化的业务需求。
- **工具与培训**。关键需求之一是组织准备好在新工具和人员培训上进行投入。多数情况下，现有的工具和流程需要被淘汰并挑选新的来替换它们。这不但要求大量资本投入，还要求在雇佣拥有新技能的人员及培训现有员工上进行投入。从长远来看，如果上马微服务的决定是正确的，那么组织会看到节省和收回投资。

4.2.2　基于服务的方式

与单体应用不同，对于微服务，需要采用一种基于服务的自我维持的方式。将应用看作一组松耦合的服务，他们通过彼此通信来提供完整的应用功能。每个服务必须被看作是具有自己生命周期的独立、自包含的服务，能够由独立的团队开发和维护。这些团队可能从各种技术中选择包括最符合他们服务需要的语言及数据库。比如，一个团队可以为某电商网站编写一个使用内存数据库的完全独立的服务，如购物车微服务，以及另一个使用关系数据库的服务，如订单微服务。实际应用会使用微服务实现诸如身份验证、账户、用户注册和通知这样的基本功能，并将业务逻辑封装在一个 API 网关中，该网关会通过客户端和外部请求来调用这些微服务。

提醒一下：微服务可能是一个由单个开发人员实现的小型服务或者是一个需要一些开发人员的复杂服务。对于微服务，其大小无关紧要，它完全取决于一个服务要提供的功能。

此时必须考虑的其他方面有伸缩性、性能和安全。伸缩性的需求可以随微服务不同并在微服务级别按需提供。安全在各个级别都应该加以考虑，包括静态数据、进程间通信、动态数据等。

4.2.3　进程间（服务与服务）通信

第 3 章已经深入讨论过进程间通信这个主题。必须考虑的关键方面是安全和通信协议。异步通信是解决之道，因为它跟踪了所有请求并且不会长期持有资源。

使用像 RabbitMQ 这样的消息总线被证明对这类通信是有好处的。它简单并且能够扩展到每秒几十万的消息。为了防止消息系统宕机时其成为故障单点，为了获得高可用性，消息总线必须进行适当的设计。其他选项包括 ActiveMQ，它是另一个轻量级消息平台。

安全是此处的关键。除了选择正确的通信协议，像 AppDynamics 这样的企业标准工具可以用来监控进程间通信以及测定其基准。任何异常必须自动报告给安全团队。

当拥有数以千计的微服务时，处理所有事情确实变得很复杂。第 3 章已经讨论了通过服务发现和 API 网关来处理这类问题。

4.2.4 技术选型

迁移到微服务的最大收益是让选择成为可能。每个团队能够独立地选择最适合给定微服务的语言、技术、数据库等。团队在采用单体方式时通常没有这样的灵活性，所以要确保不要忽视和错过这个机会。

即便一个团队负责多个微服务，也必须将每个微服务看作独立自主的服务，并需要对其进行分析。在为每个微服务选择技术时，必须始终牢记伸缩、部署、构建时间、集成以及插件的操作性等。对于使用更轻量数据但需要更快访问速度的微服务，内存数据库是最合适的，而其他微服务可以共用相同的关系型或 NoSQL 数据库。

4.2.5 实现

实现是关键阶段，是所有培训和最佳实践发挥作用的地方。下面是一些需要谨记的关键方面。

- **独立**。每个微服务应该有高度自治的生命周期并以独立的方式处理。一个微服务的开发和维护需要不依赖其他微服务。
- **源码控制**。必须建立适当的版本控制系统，每个微服务必须遵循标准。对代码库进行标准化也有助益，其确保所有团队使用相同的源码控制。这在很多方面都有所帮助，比如代码评审、在一个地方提供对所有代码的方便访问。长远看来，将所有服务置于相同的源码控制上是有意义的。
- **环境**。所有不同环境，如开发、测试、stage 和生产，必须进行适当的安全防护和自动化。这里的自动化包括构建过程——代码按需集成的方式，多数是按天。有几种可用的工具，而 Jenkins 得到了广泛使用。Jenkins 是帮助自动化软件构建和发布过程（包括持续集成和持续交付）的开源工具。
- **故障保护**。万事皆可能出错，软件故障也不可避免。在微服务开发时，下游服务的故障处理必须得到妥善解决。其他服务的故障必须足够优雅以便最终用户对故障是没有感知的。这包括管理服务响应时间（超时）、处理下游服务的 API 变更，以及限制重试次数。

- **复用**。对于微服务，不必羞于使用复制粘贴来进行代码复用，但要在一定限度内。这也许会带来一些代码重复，但好过使用会造成服务耦合的共享代码。在微服务中，我们希望解耦，而不是紧密耦合。比如，有人编写了消费某个服务输出响应的代码，每次从任何客户端调用这个相同的服务时就可以复制这个代码。另一个办法是通过创建公用类库来复用代码。多个客户端可以使用相同的库，但每个客户端应该负责维护它所用的库。这有时会变得颇具挑战性——当创建了太多库而且每个客户端维护了不同的版本时。这种情况下，使用者不得不包含相同库的不同版本，构建过程由于向后兼容和类似的问题而变得困难。基于使用者的需要，可以采用任何方法，只要能够控制住客户端使用的库和版本的数量并围绕其建立起严格的流程。这必定会帮助避免大量的代码重复。
- **标注**。考虑到微服务的绝对数量，调试问题会变得困难，因此需要在这个阶段进行某种插装。最佳实践之一是用唯一的请求 ID 来标注每个请求并将其记录下来。这个唯一 ID 将识别原始请求并由每个服务传递给所有下游请求。一旦发现问题，使用者能够通过日志清晰地回溯并识别出有问题的服务。如果建立了一个集中式的日志系统，那么这个解决方案是最有效的。所有服务应该以标准格式将所有消息记录到这个共享系统中，以便团队能够根据需要从一个地方（从基础设施到应用）重放所有事件。如之前讨论的，用于集中式日志记录的共享库值得探究一番。市场上有几款非常适合的日志管理和聚合工具，如 ELK（Elasticsearch、Logstash 和 Kibana）和 Splunk。

4.2.6　部署

自动化是部署过程的关键。没有自动化，微服务范式的成功基本不可能。正如我们之前讨论过的，微服务的数量成百上千，对于敏捷交付，自动化是必需的。

考虑部署数以千计的微服务并维护它们。当其中一个微服务出问题时会发生什么？如何知晓哪个机器有足够的资源运行微服务？如果没有自动化，管理这些会变得异常复杂。许多像 Kubernetes 和 Docker Swarm 这样的工具能够用来自动化部署过程，考虑到该主题的重要性，第 9 章将专门用来探讨部署。

4.2.7　运维

这个过程的运维部分也需要自动化。再说一次，我们探讨的是成百上千的微服务——

组织能力要足够成熟才能处理这个量级的复杂度。需要一个包含如下能力的支持系统。

- **监控**。从基础设施到应用的 API 再到“最后一公里”的性能，所有东西都要被监控，设置了适当阈值的自动报警应该就位。考虑构建展示问题期间数据和报警的实时仪表盘。
- **按需伸缩**。伸缩对于微服务而言是最简单的任务。准备想要扩展的微服务的另一个实例，将它放在现有的负载均衡器后面，一切准备就绪。但在可伸缩的环境中，这也需要自动化。我们之后会探讨，这就是设置一个整数来告知想要运行的特定微服务的实例数量。
- **暴露 API**。大多数情况下，企业想要对外暴露 API 给外部用户使用。最好使用边缘服务器，它可以处理所有外部请求。边缘服务器可以利用 API 网关和发现服务来完成其工作，可以针对每种设备类型（如移动、浏览器）或用例使用一个边缘服务器。Netflix 创建的名为 Zuul 的开源应用能够用于这个功能以及其他用途。
- **断路器**。向已经出现故障的服务发送请求是没有意义的。因此，可以构建一个断路器来追踪发送给每个服务的请求的成功和失败情况。在多次失败的情况下，对该特定服务的所有请求都应该被阻塞（断开电路）一段设定的时间。当超过设定的时间之后，应该再尝试一次，以此类推。一旦响应成功，就重新连接电路。这应该在服务实例层面实现。Netflix 的 Hystrix 提供了开源断路器的实现。

4.3 将单体应用迁移到微服务

虽然构建基于微服务的新应用的多数最佳实践也适用于迁移现有的单体应用，但还是有一些额外的指导方针，一旦遵从这些方针将使迁移更简单、更高效。

尽管将整个单体应用转变成完全基于微服务的应用听起来可能是正确的，但某些情况下将所有功能或能力都转换成微服务可能效率不高或者成本高昂。毕竟，最后可能变成从头编写应用。正确的迁移方式需要分步进行，如图 4-4 所示。

接下来的问题是，我们从当前单体应用的哪个部分开始？如果应用非常老旧而且拆解起来费时费力（例如，如果内聚程度非常高），那么可能最好从头开始。其他情况下，如果能够快速禁用部分代码并且技术架构也没有完全过时，最好从将组件重新构建为微服务开始并替换旧代码。

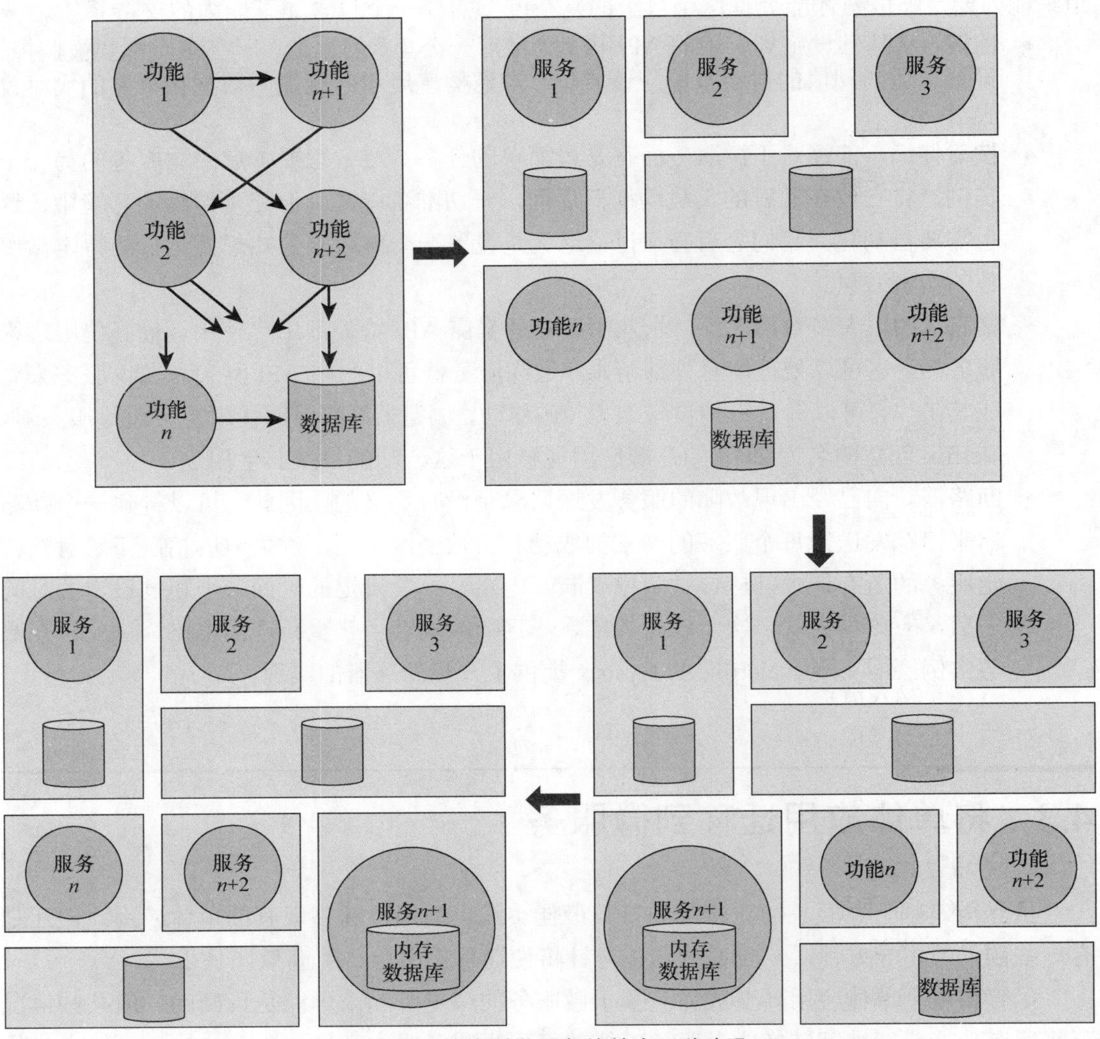

图 4-4　单体到微服务的基本迁移步骤

4.3.1　微服务准则

接下来问题就变成首先应该迁移什么组件或者完全迁移什么组件。这里就要提到我称之为“微服务准则”的东西，它概述了用来挑选应该迁移到微服务的功能以及确定其优先顺序的可能方法之一。它们是一组建立起来评判现有单体应用模块在组织当下的需要下是否适合向微服务转换的规则。

“时间”在这里非常重要，因为组织的需要会随着时间改变，也许之后不得不返回头来将更多组件转换为微服务。换言之，随着需要的改变，单体应用的其他组件也有资格进行转换。

下面是转换过程中能够被当作微服务准则的最佳实践。

- **规模**。需要确定哪些功能被高度使用。首先将高度使用的服务或应用功能转换为微服务。回忆一下，一个微服务只执行一个明确的服务。将此原则谨记于心并相应地对应用进行划分。
- **性能**。可能会有一些组件表现不佳，并且确实有其他选择。也许存在开源插件，或者想要从头构建一个服务。需要牢记的关键事项之一是微服务的边界。在设计微服务时，较好的方式是每次使它只做好一件事。确定边界通常会很难，通过练习会变得更容易。另一种审视微服务边界的方法是，开发者应该能够在几周时间内重写整个微服务（如果需要），而不是耗费几个月来重写服务。
- **更好的技术替代方案或多语言编程**。可以使用领域特定编程语言来帮助处理问题领域，这尤其适用于过去接收到许多增强请求的组件而且期望将此持续下去。如果开发人员不仅认为使用市场上的新语言或新能力可以简化这种组件的实现，而且认为其可以让未来的维护和升级更容易，那么现在就是应对这类变化的时候。其他情况下，开发人员也许会发现另一种语言提供了比当前所用语言更简单的并发抽象。可以让给定微服务使用新语言而让应用的其余部分继续使用不同的语言。同样地，开发者可能希望某些微服务特别快而决定用 C 语言编写而不是用其他高级语言编写，以便获得最大收益。底线是利用这种灵活性。
- **存储替代方案或混合持久化**。随着大数据的兴起，应用的一些组件可以通过使用 NoSQL 而不是关系数据库来提供价值。如果应用中的任何此类组件可以从这一替代方案中获益，那么也许是时候切换到 NoSQL 了。这些是开发者应该为单体应用中的每个服务或功能考虑的关键方面，需要一开始就优先处理这类项目的转换。一旦从高优先级项目中获取到价值，接下来就能够应用其他规则。
- **修改请求**。任何软件生命周期中都要追踪的重要事情是新的增强请求或变更。由于构建和部署时间，变更请求数量更大的功能可能适用于微服务。由于将此类服务分离出来会减少构建和部署的时间，因为不必构建整个应用，只需要构建发生改变的微服务，这也会提高应用程序其余部分的可用时间。
- **部署**。应用总有一些部分会增加部署的复杂性。在单体应用中，即使没有影响到某个特定功能，仍然必须经历完整的构建和部署过程。如果存在这种情况，要将这些部分切掉并代之以微服务，如此会减少单体应用其余部分的总体部署时间。

- **辅助服务**。多数应用中，核心或主服务依赖一些辅助服务，如果这些辅助功能不可用会影响核心服务的可用性。例如，第 11 章讨论的帮助台应用中，工单服务依赖产品目录服务。如果产品目录服务不可用，用户将无法提交工单。如果存在这类情况，应该将辅助服务转换为微服务并适当地提供高可用，以便它们能够更好地服务好核心服务。这些也被称作断路器服务。

取决于应用，该准则可能要求大多数服务转换为微服务，这没什么。这里的目的是简化转换过程，如此便可以为迁移到基于微服务的架构确定优先顺序并制定路线图。

4.3.2 重新架构服务

一旦识别出要转换为微服务的功能，就要遵循之前场景的最佳实践来重新架构所选的服务。下面是要考虑的方面。

- **微服务定义**。对于每个功能，定义合适的微服务，包括通信机制（API）、技术定义等。考虑现有功能使用的数据，或者为微服务创建和计划相应的数据策略。如果功能依赖 Oracle 这样的重型数据库，迁移到 MySQL 有意义吗？确定要如何管理数据关系。最后，将每个微服务作为单独的应用运行。
- **重构代码**。如果没有改变编程语言，可以复用一些代码。思考存储/数据库层——是共享还是专用，是内存数据库还是外部数据库。这里的目标是如无必要就不添加新功能，但要重新打包现有代码并暴露所需的 API。
- 版本化。开始编码之前，确定源代码控制和版本化机制，确保这些标准得到遵循。每个微服务要求为单独的项目并作为单独的应用进行部署。
- **数据迁移**。如果决定创建新数据库，就要迁移历史数据。取决于数据源和目的，这常常通过编写简单的 SQL 脚本来处理。
- **单体代码**。最初，将现有代码保留在单体应用中，以防回滚。开发人员可以更新其余代码来使用新的微服务，或者可能的话也可以分配应用流量以便同时利用单体和微服务版本，这样更好。这提供了测试和监控性能的机会。一旦建立起信心，就可以将所有流量转到微服务并将旧代码禁用或移除。
- **独立构建、部署与管理**。独立地构建和部署每个微服务。当推出微服务的新版本时，可以在一段时间内再次在新旧版本之间分配流量。这意味着生产环境中可能运行着相同微服务的两个或更多版本。可以将一些用户流量路由到新版本的微服务中确保服务正常运作。如果新版本表现不佳或者未达预期，可以很容易地将所有流量回流到之前的版本并将新版本送回开发环境。这里的关键是搭建起可重复的自动化部署过程并向持续交付迈进。

- **旧代码移除**。只有当验证所有事物都正确迁移并且按预期运转后才能移除临时代码并删除旧存储位置的数据。确保在此过程中进行备份。

4.4 混合方式

正如我们已经讨论过的，当编写全新的应用时，开发人员可以直接遵循微服务架构原则并制作构建软件应用的蓝图。开发人员有时会依照一种微服务和单体混合的方式。这种情况下，他们会将部分应用开发为微服务，而其余应用遵循基于特定准则的标准 SOA/MVC 实践。其思想是，并非所有应用模块都可以作为微服务。

如第 3 章所讨论的，微服务提供了很大的灵活性，但这种灵活性是有代价的。混合方式在灵活性和成本方便进行平衡，其知道模块随着时间会从单体部分提取出来并根据需要转换为微服务。关键是，在转换期间牢记两种方式以及微服务准则。

第二部分

容器

第5章

Docker 容器

本章将讨论另一个热门话题，Docker 容器。随着扩张，企业会经历由软件部署和伸缩所带来的成长的痛苦。随着时间的推移，用户和功能越来越多，软件趋于复杂，而后真正的软件部署和伸缩噩梦就开始了。第 1 章中论述了微服务能够通过简化架构来应对开发挑战，但我们也提到微服务会下压包含了部署和伸缩的运维复杂性。让挑战更为复杂的是，对于基于微服务的架构而言，可能需要托管、部署和管理数以千计的服务。而这正是容器帮我们解决大部分问题的所在。

Docker 是一项开源技术创新，其通过将应用与基础设施依赖分离来解决部署和伸缩问题。它是用容器来解决这些问题，容器容许将应用与其所有依赖项打包在一起，包括目录结构、元数据、进程空间、端口组等。我们可以始终用相同的方式在所有机器和环境中运行打包好的应用。这正是 Docker 的有趣之处，也是它迅速崛起的最重要的因素。有人也许会想，这不就是虚拟机（VM）干的事情吗？为了理解它们的差异，让我们看看这些技术有何不同。

5.1 虚拟机

就其最简单的形式而言，虚拟机就是一个自包含的系统，其包含了从自己的操作系统（称为客户操作系统）到应用环境及应用自身的所有东西。每个宿主机或物理机可以使用宿主机操作系统上被称为 hypervisor 的层来安装多个虚拟机。这个 hypervisor 也被称为 type 2 hypervisor，其充当了硬件的代理，让客户操作系统感觉自己正运行在自己专属的硬件上。如图 5-1 所示，type 1 hypervisor 直接运行在硬件上，没有宿主机操作系统，因而被认为是裸金属 hypervisor。

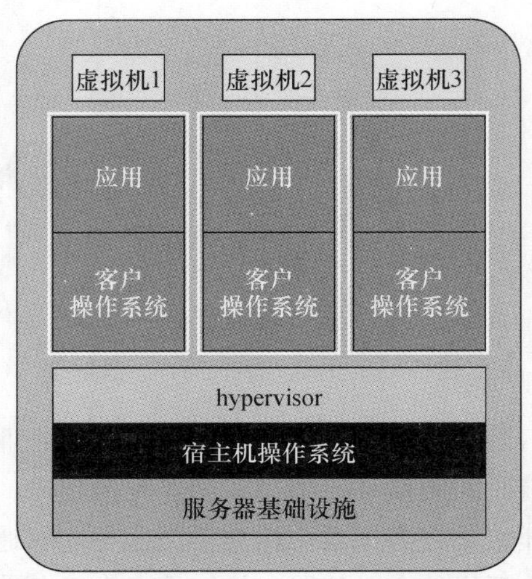

图 5-1　hypervisor 在宿主机操作系统之上的基本虚拟机架构（type 2 hypervisor）

虚拟机的概念得到了广泛关注并创造了数十亿美元的产业，因为它能让企业尽可能利用其可用的硬件资源。在虚拟化之前，企业通常要用专用服务器来运行应用。在开发环境中共享基础设施没有什么问题，但在生产环境中，最佳实践是所有服务器资源专用于一个应用。当应用无法一直使用全部资源时就会造成资源浪费。我们都知道这些服务器和机器随着时间会变得多么强大。因此，虚拟化为更加有效地利用服务器资源提供了巨大的机会，与此同时提供了应用隔离，让每个应用作为单独的虚拟机运行在自己的操作系统上。这种模式获得了巨大的成功，实际上这正是云计算的起源，其余的就众所皆知了。虚拟机提供了以下诸多优势。

- **效率**。虚拟机感觉上和工作起来就像一台独立的机器。其关键优势是有效的资源利用和安全角度的隔离。
- **灵活**。资源能够按需分配。CPU、内存和类似的东西能够按照初始的要求以及在需要时进行分配。更进一步，资源配置能够自动调整到更高频率。这个概念也称为弹性。

- **备份与恢复**。可以将虚拟机保存为单个文件，该文件可以很容易地在其他源上备份。当需要时，可以将其复制回来。
- **操作系统的自由度**。不同的客户操作系统能够存在于相同的 hypervisor 之上。因此，能够支持需要满足其特定操作系统需求的多个应用。
- **性能与迁移**。当宿主机的性能下降时，将虚拟机从一台主机移动到另一台主机非常容易。大多数 hypervisor 自动支持这个功能。VMware 这个非常成功的虚拟化软件通过称为 VMotion 的特性提供这一功能，它支持将运行中的虚拟机从一台宿主机实时迁移到另一台宿主机。

虚拟机还有许多其他优势，如节约成本，但这里的讨论只涉及关键优势。

为什么使用容器？要回答这个问题，我们还需要了解虚拟机的一些问题。再次查看图 5-1，很可能可以指出问题的所在。我们有一台包含主机操作系统的机器。我们还有 hypervisor 以及每个虚拟机的一个额外操作系统。我们都知道操作系统在资源占用和体量上非常庞大。首先，它消耗了大量存储空间并需要强大的处理能力。其次，当备份虚拟机时，即便它主要是一个文件，也仍旧非常大，因为其包含了操作系统（Windows、Linux 等）、已安装的应用及其依赖，以及本地数据。有些虚拟机备份可能超过 20 GB。这带来了一些挑战。

- **共享虚拟机**。由于虚拟机的体积，跨 WAN 迁移和共享虚拟机会花费大量时间。
- **移植性**。当程序员将虚拟机发送给同事时，应用、数据库、环境等可能会随着时间发生改变。该程序员将不得不再次发送整个虚拟机文件，而且他无法比较两个虚拟机文件的差异。当我们从开发环境到测试环境再到生产环境时，就会出现类似问题。要么代码需要在每个虚拟机上重新编译，要么我们需要传输完整的环境。
- **性能开销**。应用调用其客户操作系统，其依次调用 hypervisor，然后调用控制硬件的宿主机操作系统来完成请求，这在 type 2 hypervisor 的情况中是很低效的。我们可以感觉这里由于额外的层所带来的性能问题。在 type 1 hypervisor 的情况下，hypervisor 直接安装在硬件上，由此 hypervisor 与宿主机操作系统之间交互的额外开销就会消除。然而，之前所列的其他开销依然存在。
- **资源的有效利用**。虚拟机上的资源使用确实好于在单一操作系统的物理机上运行应用，后者在应用使用得比较少时会让资源闲置。与此同时，由于使用了 hypervisor 复制多个操作系统，因此虚拟化也并不完美。

这些都是虚拟化的挑战，好消息是容器解决了所有这些问题，甚至更多。让我们直接进入容器的主题。

5.2 容器

容器也提供了一个虚拟环境来打包应用运行所需的全部东西——应用的进程、元数据和文件系统。但与虚拟机不同，容器不需要自己的操作系统。相反，它们只是包装了一个直接与内核进行交互的 UNIX 进程来请求和使用资源。基本的容器架构如图 5-2 所示。

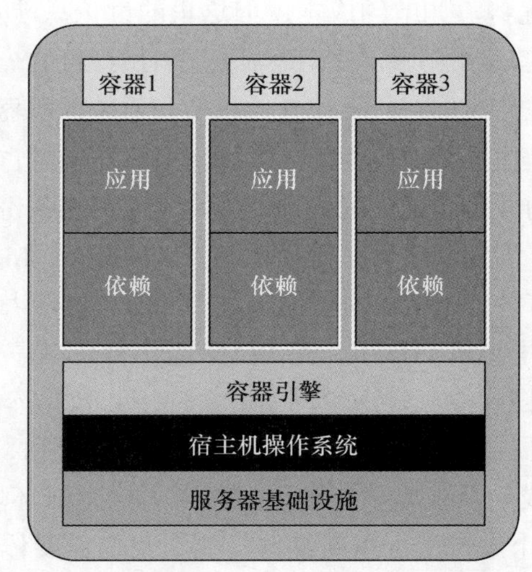

图 5-2 基本的容器架构。依赖：目录结构、库、进程空间等

如图 5-2 所示，容器明确提供了应用和进程隔离，在那里一个应用完全不知道其他应用的存在。但所有进程都运行在操作系统使用的相同内核上并共享该内核。这是怎么回事？容器使用了 Linux 内核的资源隔离特性（如控制组和命名空间）来让独立的进程运行在单个 Linux 实例中。这回到了为什么每个应用没有像虚拟机那样拥有自己的操作系统。这也意味着虚拟机比容器提供了更好的隔离。然而，这让容器非常轻量，且易于传输和移动。由于容器这种轻量的特性，与运行虚拟机相比，开发者可以在给定的硬件组合上运行更多容器。通过容器可以更加有效地使用硬件资源。

这些容器也称为 Linux 容器或者 LXC。容器概念一直都存在，只是最近由于 Docker 而获得了极大的流行。如我们之前讨论的，Docker 是一个开源创新，它对基于 Linux 的容器进行了一些更改，使其移植性更强、更易于使用和更灵活。它的办法是实现一组支持容器可移植性和灵活性的实用工具。这些实用工具让使用者轻松地创建、传输、复制和运行容器。使用 Docker 容器可以克服使用虚拟机的大多数缺点。

Linux 容器和 Docker 容器之间有些细微区别。

- **进程**。LXC 中能够运行多个进程，而 Docker 容器被限制作为单个进程运行。如果应用由多个进程组成，那么必须运行相同数量的 Docker 容器。尽管这造成了容器管理的问题，但它为应用系统提供了巨大的灵活性。既然每个进程一个容器，那么能够在细粒度/进程级别管理和改变行为。这是一个关键优势，代表了微服务最需要的解决方案：单进程的自包含服务。
- **持久化存储**。Docker 容器是无状态的，因为它们不支持持久化存储。必须通过将存储挂载为 Docker 卷来附加外部存储。
- **移植性**。Docker 比 LXC 提供了更好的移植性，这是 Docker 大热的原因。LXC 不能保证移植性，也就是说，当把 LXC 容器从一个宿主机移动到另一个宿主机时，LXC 可能由于不同的服务器配置而不能顺畅地运行。相对地，Docker 可以确保移植不会出问题，因为它比 LXC 更好地从应用中抽象出操作系统、网络和存储细节。因此，当开发者完成开发和测试时，他可以创建一个镜像，这个镜像能够在生产环境中下载并保证在生产环境中运行。这是 Docker 容器解决的关键复杂性，这让工程师的生活更加轻松。

5.3　Docker 架构和组件

Docker 使用客户端-服务器架构，客户端通过其与 Docker 守护进程（daemon）通信，Docker 守护进程主要提供所有服务。让我们审视一下 Docker 的各种组件，这些组件提供了管理和部署容器的工作流和工具集，完善了 Docker 的生态体系。

- **Docker 服务器或守护进程**。其位于宿主机系统上，管理所有运行在宿主机上的所有容器。
- **Docker 容器**。这是一个独立的虚拟系统，其包含了运行应用所需要的运行进程、所有文件、依赖、进程空间和端口。由于每个容器都拥有所有可用端口，因此我们在 Docker 级别进行映射。我们稍后详加讨论。
- **Docker 客户端**。用来与 Docker 守护进程通信的用户界面或命令行接口。
- **Docker 镜像**。这些是 Docker 容器的只读模板文件，可以四处移动和分发。与虚拟机不同，这些文件可以进行版本控制。不仅如此，使用者还能够运行 `docker diff` 命令来查看两个镜像之间的变化。每个镜像由多个层组成，这些层可以在镜像间共享。假如要更新现有应用，更新会在现有镜像顶部创建一个新的层。这意味着能够只发布和部署新的层，这会让整个过程更轻、更快，而这正是让容器轻量的原因所在。

- **Docker 注册中心**。这是用来分享和存储 Docker 容器镜像的仓库。一个著名的注册中心是 Docker Hub（就像 GitHub），它容许通过公开或私有访问来拉取和推送容器镜像。可以在组织内搭建私有的注册中心。
- **Dockerfile**。这是一个非常简单的文本文件，使用者可以在这里指定构建 Docker 镜像的命令。它容许设置安装软件的指令，设置环境变量、工作目录和 `ENTRYPOINT`，以及使用 Docker 命令添加新代码。这会产生定制化的软件。我们将在第 7 章中学习 Docker 命令。
- **Docker Machine**。Docker Machine 允许在本地机器上或在共有或私有云中（包括各种服务供应商，如 Amazon 和 Microsoft Azure）启动 Docker 宿主机。它还提供了一种通过 Docker Machine 命令来管理宿主机的方法——`start`、`stop`、`inspect` 等。参考 Docker 在线文档了解最新信息。
- **Docker Swarm**。Swarm 提供了开箱即用的集群能力，其中一个 Docker 节点池作为一个大 Docker 宿主机。这是一个独立的工具，可以使用 Docker Machine 进行安装或者通过手工拉取 Swarm 镜像进行安装。编写本书时，它正被集成到 Docker 引擎中。安装过程非常简单：在所有节点上配置 Swarm 管理器。美妙之处在于只要告诉 Swarm 启动容器，它就会决定在哪个节点上启动它们，隐藏了所有复杂性。为了动态配置和管理容器中的服务，要使用发现服务。集成的选项被称为 Swarm 模式，它的工作方式与 Swarm 工具一样。它还支持负载均衡和服务发现，因此可以作为成熟的编排引擎。要启用 Swarm 模式，需要使用简单的 `init` 命令并使用 `join` 命令添加工作节点。本书稍后会更详细地探讨 Docker Swarm。
- **Docker Compose**。一个应用拥有多个组件，从而要运行多个容器。Docker 提供的 Compose 工具容许定义和运行多个容器的应用。使用者可以在单个 Dockerfile 中定义应用环境并在 docker-compose.yml 文件中定义服务，这些文件中的每个指令将会自动运行需要的容器。与 Docker Machine 一样，Compose 通过单个命令提供了管理应用服务的命令。

图 5-3 展示了所有东西从逻辑架构的视角看是如何组合到一起的。

我们将在接下来的几章中呈现推送和拉取 Docker 镜像的详细示例，但我们首先要介绍 Docker 的安装（第 6 章）和命令（第 7 章）。现在的重点是 Docker 容器提供了一个虚拟环境，其余的组件是管理和操作这些容器的工具集。

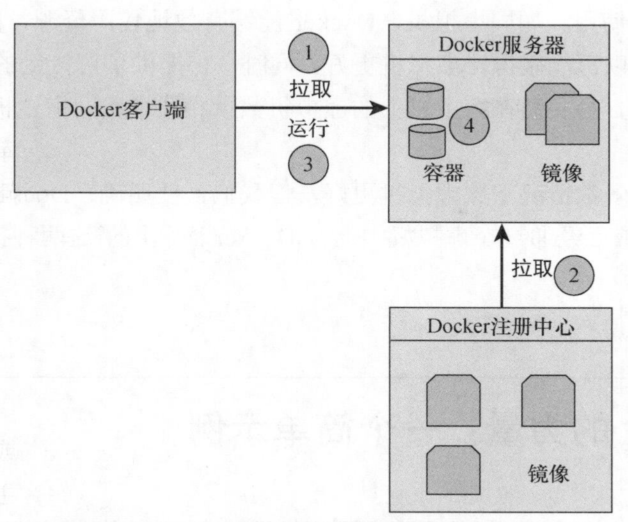

图 5-3　Docker 架构：所有东西如何组合到一起

那么使用 Docker 技术的优势有哪些呢？它不但解决了虚拟机遇到的诸多问题，而且提供了虚拟机的好处以及其他优势，这让 Docker 对于 DevOps 来说再适合不过了。

- **轻量级**。Docker 容器没有自己的操作系统，所以它们的体积缩小了。再者，容器可以存储为镜像，这些镜像是能够被版本控制和轻易分发的文件。
- **可移植**。Docker 镜像是应用及其全部依赖的汇总，以独立于部署模式、操作系统版本等的方式打包在一起。容器可以很容易地以镜像的形式传输到另一台宿主机上并且没有任何问题地运行。可以一次构建，处处运行。
- **复用**。Docker 镜像只是一系列层，连续的命令创建新的镜像层直到创建最终的镜像。镜像一经构建，Docker 就会将其用于新构建，这让构建更快，也让镜像更小，因为 Docker 复用或共享了这些镜像。比如，我们有一个含有文件 file 1 的镜像，其位于 Apache Web 服务器之上，而 Apache Web 服务器运行在 Ubuntu 之上。假设我们需要另一个含有文件 file 2 的镜像，该镜像也在运行于 Ubuntu 的 Apache Web 服务器之上。由于我们已经有第一个镜像，因此 Docker 会复用第一个镜像除了 file 1 层的所有层来创建第二个镜像。这意味着两个最终镜像会共享 Ubuntu 和 Apache 层，而每个镜像将有自己的文件层，这是两个镜像之间的唯一区别。
- **快速部署**。Docker 容器是完全自给自足的轻量级包，易于分发并且在测试周期内被完全测试。相同的镜像可以没有任何改变或者只是非常小的改变就部署到生产环境中，因此可以加速部署并减少由于环境依赖而造成的回滚。这个特性也是持续开发的关键。

- **资源的高效使用**。如同虚拟机，Docker 能够有效地使用资源，因为 Docker 容器更为轻量，所以可能做得比虚拟机更好。同时，它提供了可接受的隔离。由于 Docker 容器的大小，与安装在宿主机上的虚拟机数量相比，相同宿主机上能够安装更大数量的容器。

Docker 容器在多数情况下比虚拟机更好，但我们需要明确：Docker 不会替代虚拟机。实际上，典型的部署已经通过在虚拟机中运行 Docker 而利用了这两种技术的强大力量，让资源使用非常高效。

5.4　Docker 的力量：一个简单示例

到目前为止，读者可能已经从理论层面理解了 Docker 的能力。虽然接下来的章节中会了解到更多知识，但先让我们探讨一个基于 Docker 的小型部署以及它所提供的价值。

假设要搭建一个包含 3 部分的基本 WordPress 网站：一是包含所有 WordPress 应用的 Web 服务器，二是 MySQL 之类的关系数据库，三是用来保存这些数据的存储。在虚拟机的世界中，这些部分可以安装在一个或多个虚拟机上。需要使用虚拟机管理器创建虚拟机，然后在每个虚拟机上安装特定操作系统的软件（MySQL、WordPress）。典型的部署可能如图 5-4 所示。

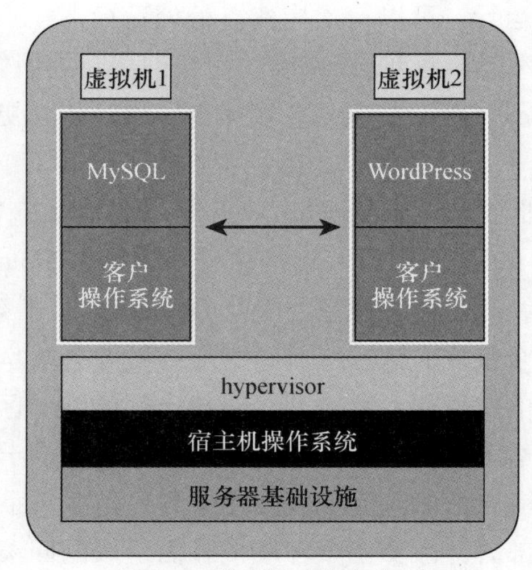

图 5-4　典型的虚拟机部署

让我们谨记微服务，并用 Docker 部署相同的配置。记得之前讨论过的：这将为我们提供作为可执行程序或进程的独立能力，其通过标准的进程间通信与其他服务或程序进行通信。

类似地，我们讨论了每个 Docker 容器只运行一个进程。通过使用连接选项可以让容器一起工作，这是将它们联系到一起的方式。在这个例子中，我们需要创建 3 个容器。

- **第 1 步：数据容器**。读者可以从 Docker Hub 上很容易地拉取一个已有的基础 Linux 镜像（如 Ubuntu）并运行它。通过这种方式能够创建本地存储，这相当于创建存储数据的目录结构。读者还可以分配内存、存储和 CPU。下面是要运行的命令：

```
docker create --name mysql_data_container -v /var/lib/mysql ubuntu
```

- **第 2 步：MySQL 容器**。类似地，可以从 Docker Hub 拉取最新的 MySQL 版本镜像并在本地主机上运行。可以在相同的 run 命令中映射上一步创建的卷。数据库会在两分钟内启动运行，命令如下：

```
docker run --volumes-from mysql_data_container -v /var/ lib/mysql:/var/lib/mysql
-e MYSQL_USER=mysql -e MYSQL_PASSWORD=mysql -e MYSQL_DATABASE=test -e MYSQL_ROOT_
PASSWORD=test -it -p 3306:3306 -d mysql
```

- **第 3 步：WordPress 容器**。如之前两部所做的，我们能拉取和运行 WordPress 的最新镜像。可以在相同的 `run` 命令中连接前一步创建的 MySQL 数据库：

```
docker run -d --name wordpress --link mysql:mysql wordpress
```

不到 10 分钟我们就可以搭建起一个个人 WordPress 网站，如图 5-5 所示。

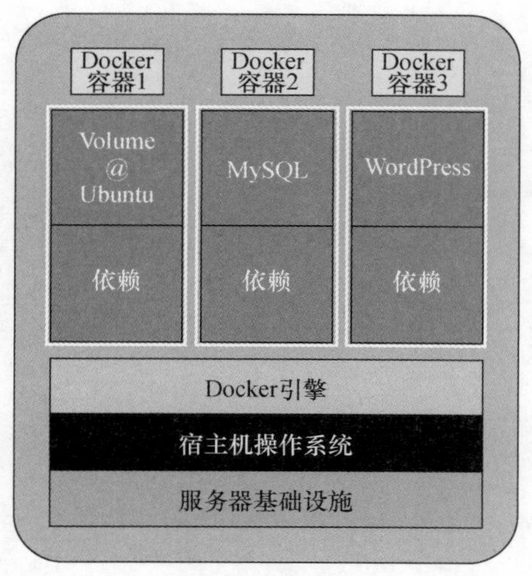

图 5-5 如何只用 3 个容器创建一个 WordPress 网站

从图 5-4 和图 5-5 能够看出容器有多么轻量——它们不需要自己的操作系统。不止如此，它们的轻量还简化了维护和伸缩。

- **非常简单的升级过程**。假设要升级 MySQL 镜像，所有要做的就是停止第 2 步启动的 MySQL 镜像。拉取 MySQL 最新版本的镜像并映射相同的卷来运行它。
- **复用**。假设想为特定团队定制一个 WordPress 版本，可以拉取另一个 WordPress 镜像并运行另一个 Docker 容器，同时连接到相同的数据库。
- **简单明了的集群**。Docker 提供了称为 Swarm 模式的原生集群。只需使用几个命令就能创建集群、负载均衡并发现服务。我们将在接下来的章节中了解更多。

欢迎来到容器世界。这个领域正在发生很多事，Docker 社区每天都在快速前进，以引入新功能。此外，许多创业企业正尝试解决一些挑战并添加更多自动化。尽管我们在接下来的几章会更多地介绍 Docker 容器，但是读者还是应该收藏 Docker 社区网址，以便了解最新信息。

第 6 章

Docker 安装

直到大概一年前，安装 Docker 还是一件难事，但现在这已经是小菜一碟。Docker 基于 Linux 技术，这是个好消息，因此大多数 Linux 主要发行版都支持 Docker，如 CentOS、Ubuntu 和 Amazon Linux。

本章将介绍 Mac OS X、Windows 和 Ubuntu Linux 上的 Docker 安装。

6.1 在 Mac OS X 上安装 Docker

这些安装说明假定读者所用的 Mac 是 2010 年之后的，系统版本是 OS X 10.11 或者更新的版本。如果要进行验证，可以点击苹果图标并选择**关于本机**（About This Mac）。我们将下载并使用 Docker 发行版 17.03.0。这是编写本书时的最新版本。

（1）在浏览器中输入网址 https://docs.docker.com/docker-for-mac/install/#download-docker-for-mac，下载 Docker toolbox 到下载文件夹。

（2）双击安装包打开它。应该可以看到图 6-1 所示的弹出框。

（3）将鲸鱼图标拖曳到应用程序文件夹中，将 Docker 应用下载到机器上，如图 6-2 所示。

（4）双击 Docker 应用并点击“Open”，它将展示图 6-3 所示的屏幕，点击“OK”。

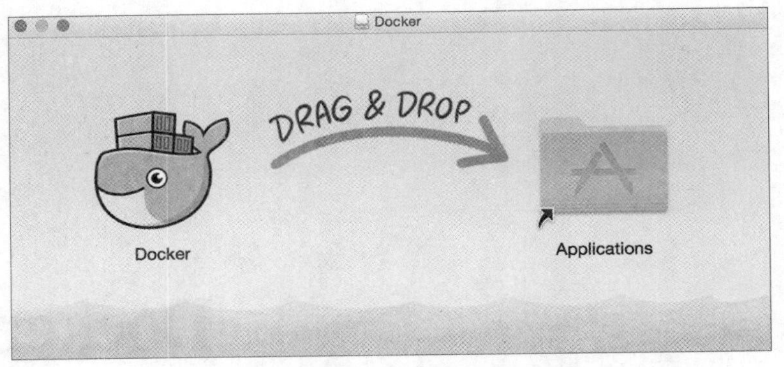

图 6-1　拖曳

Applications

Back　View　Arrange　Action　Share　Edit Tags　Search

Favorites: All My Files, iCloud Drive, AirDrop, Applications, Desktop, Downloads, Documents, parminderkocher

Name	Date Modified	Size	Kind
Dashboard	Sep 9, 2014, 5:03 PM	551 KB	Application
Dictionary	May 20, 2016, 2:07 AM	14.5 MB	Application
Docker	Mar 6, 2017, 5:39 AM	216.9 MB	Application
DVD Player	Sep 9, 2014, 4:39 PM	23.5 MB	Application
FaceTime	May 20, 2016, 2:07 AM	8.9 MB	Application
Font Book	Aug 12, 2014, 4:39 PM	13.8 MB	Application
Game Center	Jun 23, 2014, 2:46 PM	3.2 MB	Application
GarageBand	Jun 25, 2015, 10:28 AM	1.1 GB	Application
Google Chrome	Jan 31, 2017, 9:13 PM	366.4 MB	Application
iBooks	May 20, 2016, 2:07 AM	63.2 MB	Application
Image Capture	Sep 9, 2014, 4:38 PM	2.9 MB	Application

图 6-2　添加 Docker 后的应用程序文件夹

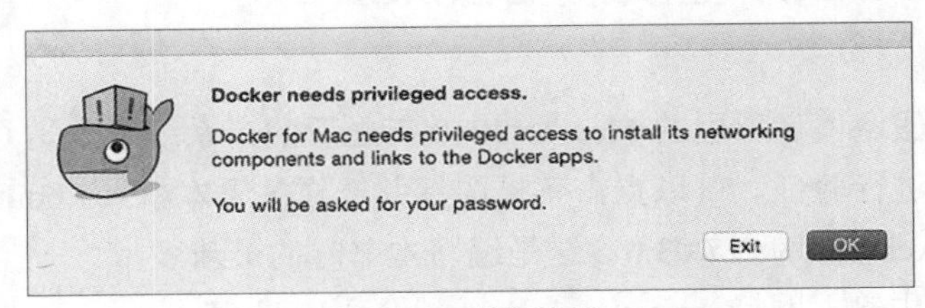

图 6-3　授权访问

（5）另一个弹出对话框会要求输入 Mac OX 的密码。输入密码。

（6）如果之前安装过 Docker Toolbox，会看到图 6-4 所示的弹出对话框，使你可以选择复制现有的 Docker 镜像和容器。如果想复制现有镜像就点击“Copy”，否则选择“No”。如果这是全新安装，不会看到这个对话框。

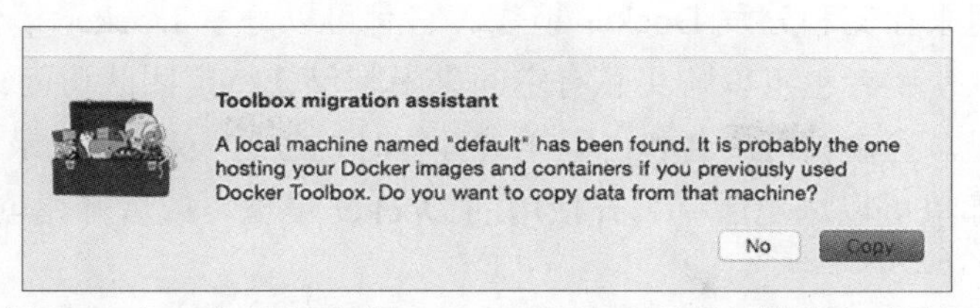

图 6-4　如果之前安装过 Docker Toolbox 所展示的弹出对话框

（7）这将启动安装过程。结束时，Docker 引擎会启动，如图 6-5 所示。

图 6-5　安装完成后的结果

就这样——Docker 安装完毕。

一旦环境启动，它会提供在 Docker Hub 上注册的机会。回忆一下，Docker Hub 是基于云的注册服务，用来存储和分发 Docker 镜像。它有可以分享 Docker 镜像的公共区域，任何人都可以访问。使用者也可以购买私有空间来限制仅让特定团队访问。

如果已经注册，就输入用户名和密码（或者暂时跳过这一步）。登录后，用户会被带到 Docker Hub，在那里可以浏览所有公开使用的 Docker 镜像，或者开始创建镜像，如图 6-6 所示。

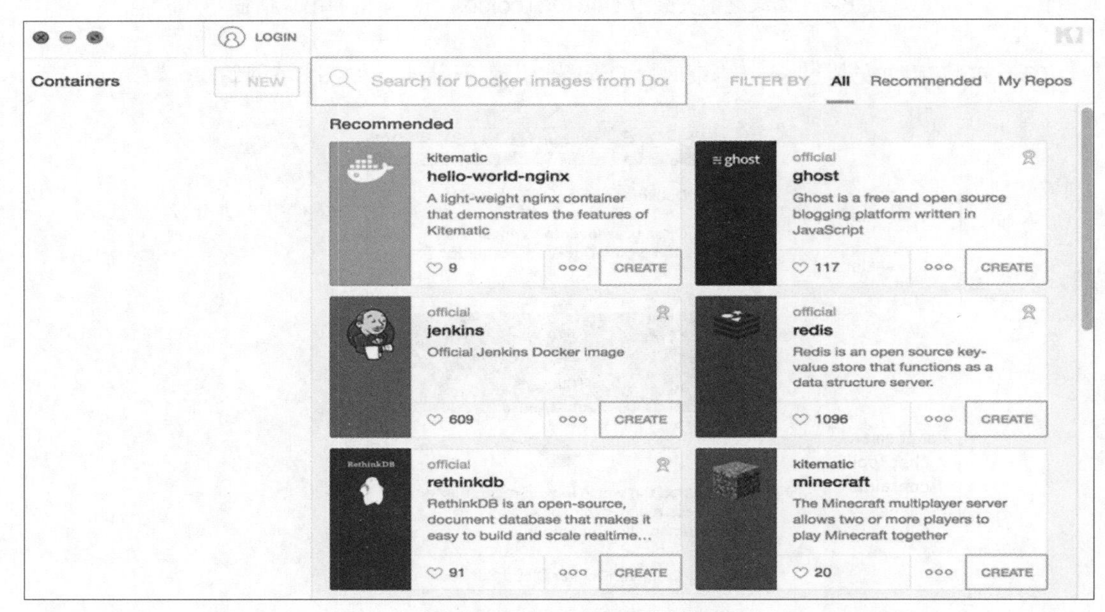

图 6-6　Docker Hub 主页

我们将在下一章学习所有 Docker 命令，现在先让我们尝试几个基本命令。首先，让我们验证已经安装的 Docker 版本并用一下 Docker 终端。

在 Mac 上打开一个终端窗口。执行 `docker --version` 来确认机器上所安装的 Docker 版本，如图 6-7 所示。

```
PKOCHER-M-343X:~ parminderkocher$ docker --version
Docker version 17.03.0-ce, build 60ccb22
PKOCHER-M-343X:~ parminderkocher$ ▮
```

图 6-7　确认 Docker 版本

已经使用了 Docker 17.03.0 版本。要列出所有命令，执行 `docker --help`。应该可以看到所有可用的命令，如图 6-8 所示。

```
PKOCHER-M-343X:~ parminderkocher$ docker  --help

Usage:          docker COMMAND

A self-sufficient runtime for containers

Options:
      --config string          Location of client config files (default "/Users/par
                               minderkocher/.docker")
  -D, --debug                  Enable debug mode
      --help                   Print usage
  -H, --host list              Daemon socket(s) to connect to (default [])
  -l, --log-level string       Set the logging level ("debug", "info", "warn", "error",
                               "fatal") (default "info")
      --tls                    Use TLS; implied by --tlsverify
      --tlscacert string       Trust certs signed only by this CA (default "/Users/
                               parminderkocher/.docker/ca.pem")
      --tlscert string         Path to TLS certificate file (default "/Users/parmin
                               derkocher/.docker/cert.pem")
      --tlskey string          Path to TLS key file (default "/Users/parminderkocher
                               /.docker/key.pem")
      --tlsverify              Use TLS and verify the remote
  -v, --version                Print version information and quit

Management Commands:
  checkpoint  Manage checkpoints
  container   Manage containers
  Image       Manage images
  network     Manage networks
  node        Manage Swarm nodes
  plugin      Manage plugins
  secret      Manage Docker secrets
  service     Manage services
  stack       Manage Docker stacks
  swarm       Manage Swarm
  system      Manage Docker
  volume      Manage volumes

Commands:
  attach      Attach to a running container
  build       Build an image from a Dockerfile
  commit      Create a new image from a container's changes
  cp          Copy files/folders between a container and the local filesystem
  create      Create a new container
  deploy      Deploy a new stack or update an existing stack
  diff        Inspect changes to files or directories on a container's filesystem
  events      Get real time events from the server
  exec        Run a command in a running container
  export      Export a container's filesystem as a tar archive
```

图 6-8 所有可用的 Docker 命令

6.2　在 Windows 上安装 Docker

这些安装说明假定读者使用的是 64 位 Windows 10 Pro Enterprise 或 Education 版。必须启用 Hyper-V 软件包以便正确安装 Docker。如果没有，继续之前请参考 Docker Help。我们将下载和使用 Docker 17.03.0 版本，这是编写本书时的最新版本。

（1）在浏览器中输入 https://docs.docker.com/docker-for-windows/install/#download-docker–for-windows，将 Docker Toolbox 下载到下载文件夹。

（2）双击软件包打开它，应该会看到许可协议，如图 6-9 所示。

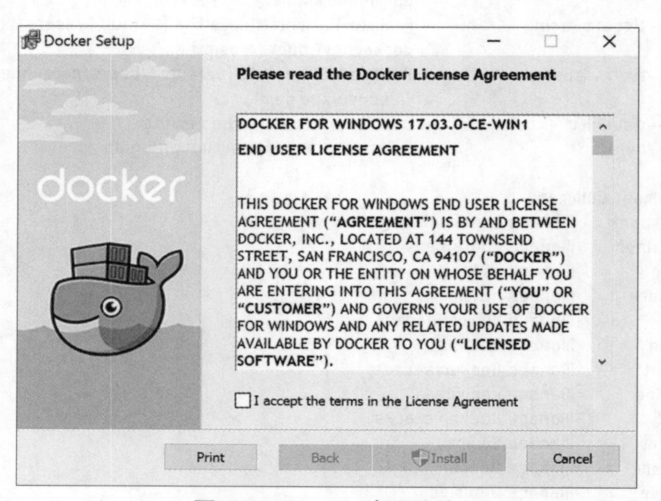

图 6-9　Docker 许可协议

（3）选中屏幕底部的复选框接受条款和条件，然后点击“Install”在 Windows 机器上安装 Docker。

（4）安装后，会看到屏幕右下角弹出一个小的“Docker is starting”。一旦启动，将看到图 6-10 所示的弹出窗口，然后一切就绪！

就这样——Docker 工具安装完毕。

我们将在下一章学习 Docker 命令，但让我们先使用一些基本命令。让我们验证所安装的 Docker 版本并使用 Docker 终端。

打开终端窗口。执行 `docker --version` 确认机器上安装的 Docker 版本，如图 6-11 所示。

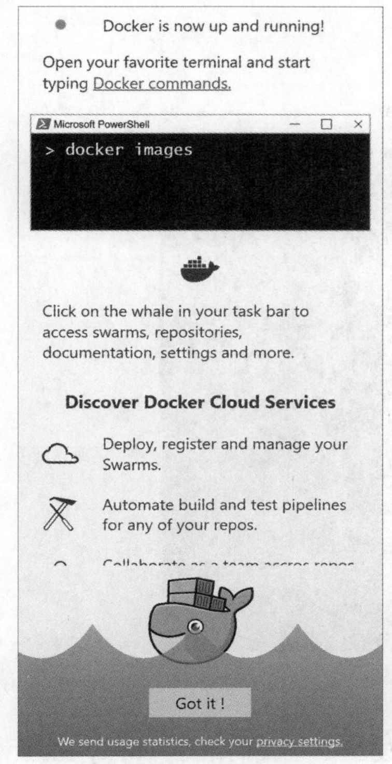

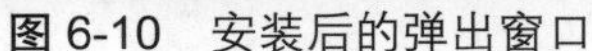
图 6-10 安装后的弹出窗口

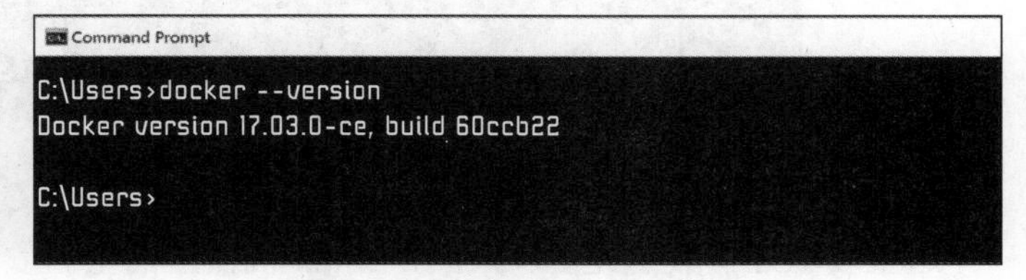

图 6-11 确认 Docker 版本

已经使用了 Docker 17.03.0。要列出所有命令，可以执行 `docker --help`，应该可以看到所有可用的命令。

6.3 在 Ubuntu Linux 上安装 Docker

我们将下载并使用 Docker 17.2.3，该版本是编写本书时的最新版本。要浏览最新版本的最新信息，可以访问 https://docs.Docker.com/engine/installation/linux/ubuntu/#install-using-the-repository。如果想使用不同风格的 Linux，也可以参考此处。

这些安装说明假设使用的是 64 位 Ubuntu 并且是如下版本之一：

- Trusty 14.04；
- Yakkety 16.10；
- Xenial 16.04。

可以执行如下命令检测版本，如图 6-12 所示：

```
$ lsb_release -a
```

```
pkocher@pkocher-dev: ~
pkocher@pkocher-dev:~$ lsb_release -a
No LSB modules are available.
Distributor ID:	Ubuntu
Description:	Ubuntu 14.04.3 LTS
Release:	14.04
Codename:	trusty
pkocher@pkocher-dev:~$
```

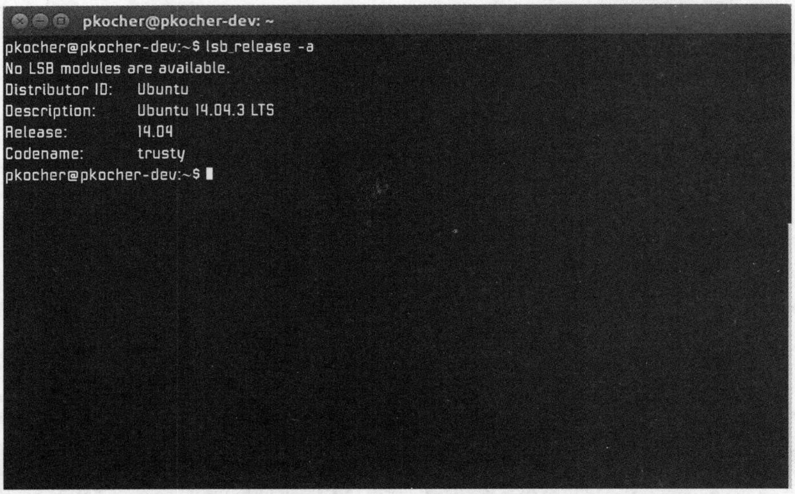

图 6-12　Ubuntu 版本检测

这些步骤还假设这是 Docker 在 Linux 机器上的全新安装。尽管我们用了 Trusty 14.04，但这些说明也适用于其他两个版本。

如果正在使用 Trusty 14.04，推荐安装 linux- image-extra -*软件包，如果你的电脑上还没有安装的话。这些软件包让 Docker 可以使用 AUFS 存储驱动。AUFS 是 Docker 在 Ubuntu 上安装时的默认存储后端（其他风格的 Linux 上默认是 Device Mapper）。运行如下命令安装这些软件包：

```
$ sudo apt-get update
```

之前的命令获取了所有最新的软件包，如图 6-13 所示，现在可以安装这些更新了。执行下面的命令：

```
$ sudo apt-get install \
  linux-image-extra-$(uname -r) \
  linux-image-extra-virtual
```

这个命令安装了更新，现在可以在 Linux 系统上安装 Docker 了。Docker 有两个不同版本：Docker CE（社区版）和 Docker EE（企业版）。我们将使用社区版。

（1）需要安装 Docker 仓库，之后从这里拉取 Docker 安装。执行下面的命令安装软件包，这让 apt-get 可以通过 HTTPS 使用 Docker 仓库：

```
$ sudo apt-get install \
  apt-transport-https \
  ca-certificates \
   curl \ software-properties-common
```

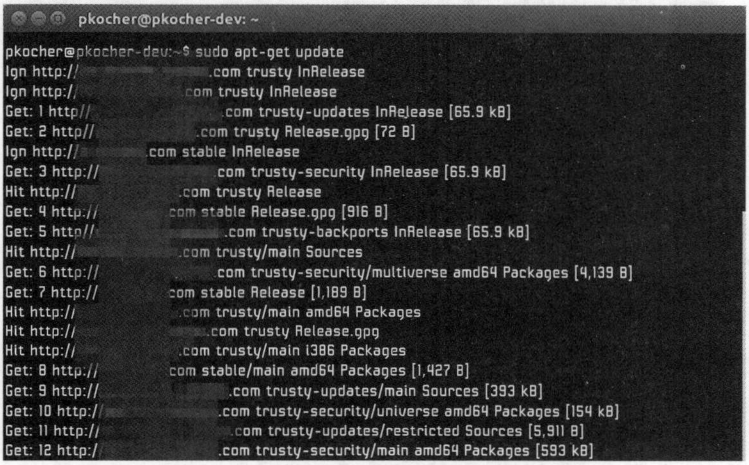

图 6-13 安装额外的软件包

（2）将 Docker 官方仓库的 GPG 密钥添加到系统中：

```
$ curl -fsSL https://download.Docker.com/linux/ubuntu/gpg | sudo apt-key add
```

（3）验证密钥指纹是 9DC8 5822 9FC7 DD38 854A E2D8 8D81 803C 0EBF CD88（见图 6-14）：

```
$ sudo apt-key fingerprint 0EBFCD88
```

图 6-14 密钥指纹验证

（4）将 Docker 仓库添加到 APT（Advanced Packaging Tool）源：

```
$ sudo add-apt-repository "deb [arch=amd64] <-DOCKER-EE-URL> \
    $(lsb_release -cs) \ stable-"
```

（5）用新添加的仓库中的 Docker 包更新包索引：

```
$ sudo apt-get update
```

（6）安装最新版本的 Docker（见图 6-15）：

```
$ sudo apt-get install Docker-ce
```

```
pkocher@pkocher-dev: ~
Unpacking liberror-perl (0.17-1.1) ...
Selecting previously unselected package git-man.
Preparing to unpack .../git-man_1%3a1.9.1-1ubuntu0.3_all.deb ...
Unpacking git-man (1:1.9.1-1ubuntu0.3) ...
Selecting previously unselected package git.
Preparing to unpack .../git_1%3a1.9.1-1ubuntu0.3_amd64.deb...
Unpacking git (1:1.9.1-1ubuntu0.3) ...
Selecting previously unselected package cgroup-lite.
Preparing to unpack .../cgroup-lite_1.9_all.deb ...
Unpacking cgroup-lite (1.9) ...
Processing triggers for man-db (2.6.7.1-1ubuntu1) ...
Processing triggers for ureadahead (0.100.0-16) ...
ureadahead will be reprofiled on next reboot
Setting up aufs-tools (1:3.2+20130722-1.1) ...
setting up docker-ce (17.03.0~ce-0~ubuntu-trusty) ...
docker start/running, process 31184
Setting up liberror-perl (0.17-1.1) ...
Setting up git-man (1:1.9.1-1ubuntu0.3) ...
Setting up git (1:1.9.1-1ubuntu0.3) ...
Setting up cgroup-lite (1.9) ...
cgroup-lite start/running
Processing triggers for libc-bin (2.19-0ubuntu6.6) ...
Processing triggers for ureadahead (0.100.0-16) ...
pkocher@pkocher-dev:~$
```

图 6-15　正在安装最新版本的 Docker

（7）确认版本（见图 6-16）：

```
$ docker --version
```

图 6-16　Docker 安装确认

就这样——Ubuntu Linux 上的 Docker 安装完成。

第 7 章

Docker 接口

第 5 章介绍了 Dockerfile，其包含了一组由 Docker 守护进程执行的命令。在本章中，我们将介绍最常用的命令，而后使用这些命令创建 Dockerfile 并执行该文件来查看结果。

7.1 关键 Docker 命令

读者可以将下面的命令纲要当作成功使用 Docker 必须掌握的公认宝典——从搜索和构建镜像到创建自己的 Dockerfile。我们先看一些简单的命令，然后在此基础上接触更复杂的命令。

7.1.1 docker search

`docker search` 命令能够在 Docker CLI 上运行，以搜索 Docker 注册中心中可用的镜像：

```
docker search [options] term
```

基于图形界面的客户端也提供了搜索功能。

在图 7-1 展示的例子中，`docker search mysql` 返回所有镜像名字中包含“mysql”的镜像。正如所见到的，它返回了前 25 个结果。基于图形界面的搜索提供了相似的结果，如图 7-2 所示。

```
Parminders-MacBook-Pro:~ parminderkocher$ docker Search mysql
NAME                          DESCRIPTION                                     STARS   OFFICIAL   AUTOMATED
mysql                         MySQL is a widely used, open-source relati...   1064    [OK]
mysql/mysql-server            Optimized MySQL Server Docker images. Crea...   41                 [OK]
orchardup/mysql                                                               41                 [OK]
centurylink/mysql             Image containing mysql. Optimized to be li...   27                 [OK]
wnameless/mysql-phpmyadmin    MySQL + phpMyAdmin https://index.docker.io...   23                 [OK]
sameersbn/mysql                                                               20                 [OK]
google/mysql                  MySQL server for Google Compute Engine          13                 [OK]
ioggstream/mysql              MySQL Image with Master-Slave replication       5                  [OK]
appcontainers/mysql           CentOS 6.7 based Customizible MySQL 5.5 Co...   5                  [OK]
marvambass/mysql              MySQL Server based on Ubuntu 14.04              3                  [OK]
jdeathe/centos-ssh-mysql      CentOS-6 6.6 x86_64 / MySQL.                    2                  [OK]
azukiapp/mysql                Docker image to run MySQL by Azuki - http:...   2                  [OK]
frodenas/mysql                A Docker Image for MySQL                        1                  [OK]
ibourgeois/mysql              MySQL image from ibourgeois/base                1                  [OK]
bahmni/mysql                  Mysql container for bahmni. Contains the...     1                  [OK]
phpmentors/mysql              MySQL server image                              1                  [OK]
jmoati/mysql                                                                  0                  [OK]
guihatano/mysql               MySQL Server on Ubuntu 14.04                    0                  [OK]
lancehudson/docker-mysql      MySQL is a widely used, open-source relati...   0                  [OK]
tetraweb/mysql                                                                0                  [OK]
vkyii/mysql                   mysql base on alpine                            0                  [OK]
wenzizone/mysql               mysql                                           0                  [OK]
dockerizedrupal/mysql         docker-mysql                                    0                  [OK]
javl3r/mysql                  mysql                                           0                  [OK]
ahmet2mir/mysql               This is a Debian based image with MySQL se...   0                  [OK]
Parminders-MacBook-Pro:~ paraminderkocher$ ▌
```

图 7-1　Docker 搜索“mysql”的结果

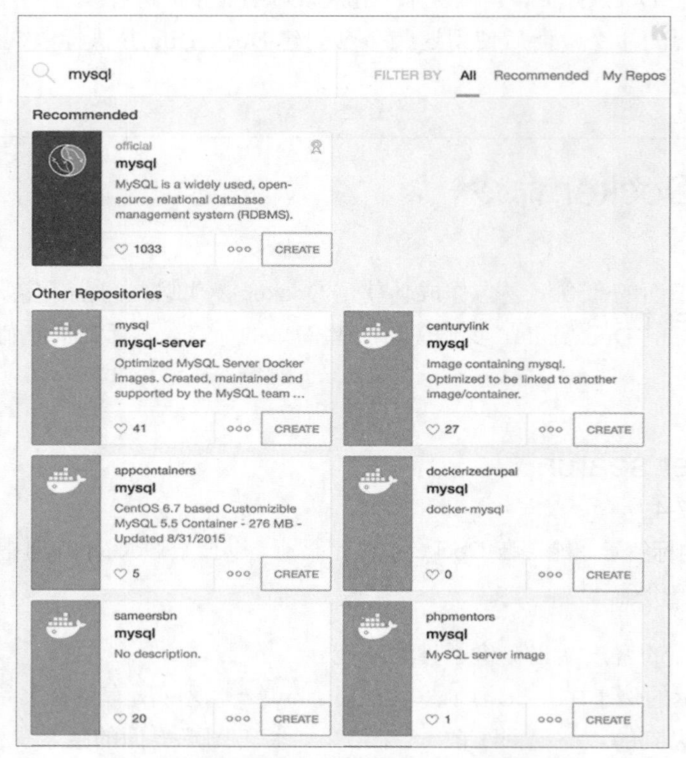

图 7-2　基于图形界面搜索“mysql”的结果

尽管像 dockerizedrupal 这样的一些结果是唯一的，但多数结果是重复的，因为这些镜像被不同用户上传，这些用户将镜像用于定制或者用于进行集成。当使用-s 选项时，搜索只提供被广泛使用（基于其他用户的反馈）的文件：

```
docker search -s 50 mysql
```

该命令会返回镜像名中包含“mysql”并且反馈至少有 50 颗星的所有镜像，如图 7-3 所示。

```
Parminders-MacBook-Pro:~ parminderkocher$ docker search -s 50 mysql
NAME       DESCRIPTION                                     STARS   OFFICIAL   AUTOMATED
mysql      MySQL is a widely used, open-source relati...   1044    [OK]
mariadb    MariaDB is a community-developed fork of M...   214     [OK]
Parminders-MacBook-Pro:~ paraminderkocher$
```

图 7-3 镜像名字中有“mysql”并且反馈至少有 50 颗星的搜索结果

在这种情况下，只列出两条，因为超过 50 评级的只有两条。

注意 Docker 一直以惊人的速度发展，因此命令、选项甚至特性和功能都在不同版本之间频繁变化。例如，在编写本书时，搜索的-s 被废弃了，取而代之的是必须使用称为--filter 的标志。对于 filter 选项，列出所有评价星级超过 50 颗的所有 MySQL 镜像的命令会是

```
docker search --filter stars=50 mysql
```

7.1.2 docker pull

docker pull 命令将请求的镜像从 Docker 注册中心下载到本地机器：

```
docker pull image:tag
```

例如，如图 7-4 所示，docker pull mysql 从注册中心拉取 MySQL 镜像。如果没有指定版本之类的标签，这个命令默认会附加“latest”标签，而不是拉取所有可用的 MySQL 镜像。这个命令等价于

```
docker pull MySQL:latest
```

```
Parminders-MacBook-Pro:~ parminderkocher$ docker pull mysql
Using default tag: latest
latest: Pulling from library/mysql

ba249489d0b6: Pull  complete
19de96c112fc: Pull  complete
2e32b26a94ed: Pull  complete
637386aea7a0: Pull  complete
f40aa7fe5d68: Pull  complete
ca21348f3728: Pull  complete
b783bc3b44b9: Pull  complete
f94304dc94e3: Pull  complete
efb904a945ff: Pull  complete
64ef882b700f: Pull  complete
291b704c92b1: Pull  complete
adfeb78ac4de: Pull  complete
f27e5410cda3: Pull  complete
ca4b92f905b9: Pull  complete
065018fec3d7: Pull  complete
6762f304c834: Pull  complete
library/mysql: latest: The image you are pulling has been verified. Important: image verification is a
tech preview feature and should not be relied on to provide security

Digest: sha256:842ee1ad1b0f19561d9fee65bb7c6197b2a2b4093f069e7969acefb6355e8c1b
Status: Downloaded newer image for mysql: latest
Parminders-MacBook-Pro:~ parminderkocher$ █
```

图 7-4　docker pull 从注册中心拉取 MySQL 的 latest 镜像

7.1.3　docker images

docker images 命令返回本地机器上可用的顶层镜像列表：

```
docker images[options]
```

例如，docker images-a 展示所有顶层镜像列表，包括它们的仓库、标签、创建日期和虚拟尺寸，如图 7-5 所示，但它没有展示中间层的镜像。

```
Parminders-MacBook-Pro:~ parminderkocher$ docker images —a
REPOSITORY          TAG                 IMAGE ID            CREATED             VIRTUAL SIZE
ubuntu              latest              91e54dfb1179        4 weeks ago         188.4 MB
<none>              <none>              d74508fb6632        4 weeks ago         188.4 MB
<none>              <none>              c22013c84729        4 weeks ago         188.4 MB
<none>              <none>              d3a1f33e8a5a        4 weeks ago         188.2 MB
Parminders-MacBook-Pro:~ parminderkocher$ █
```

图 7-5　docker images-a 命令展示所有顶层镜像列表，包括它们的仓库、标签、创建日期和虚拟尺寸

要记住的一件重要的事情是，当在本地机器上创建或构建 Docker 镜像时，也创建了各种中间层。例如，如果使用包含多个命令的 Dockerfile 构建镜像，则执行的每个命令都会产生一个镜像层，这是 Docker 的关键方面之一，这使容器轻量并且非常适合复用。

7.1.4 docker rmi

docker rmi 命令从本地机器上删除所要求的镜像：

```
docker rmi[options] image [image, image...]
```

例如，图 7-6 所示的 docker rmi mysql 命令从宿主机上删除了 MySQL 镜像，包括安装的所有层。

```
Parminders-MacBook-Pro:~ parminderkocher$ docker rmi mysql
Untagged: mysql:latest
Deleted: 6762f304c83428bf1945e9ab0aa05119a8a758d33d93eca50ba03665a89b5d97
Deleted: 065018fec3d7c28754f0d40a3c1d56f103996a49f2995fde8c79ed1bd524a9d0
Deleted: ca4b92f905b922ee6d5faf8f21592a4e8fb16a56fce47447c58c0c9356243384
Deleted: f27e5410cda3728deb33a884fda066d826c0b9bd0268ea9990ab6754f979ac3a
Deleted: adfeb78ac4de9f11124e4585a62bb9a5bfbb7e1686b4f2977106dff8626806c9
Deleted: 291b704c92b15a350ac3be00279a251b7038826cf9253047b594bfc1c50bd82b
Deleted: 64ef882b700fb8ad04e843e28ea56552265519925f3ceafb1a187c49cf27e2df
Deleted: efb904a945ff1eb48b1a03f5052a0d0ef3365e38436f0f3dd581d4c77854e1a3
Deleted: f94304dc94e325bb13db375898780bec04fc83362381d6b8476ab288287e5d9a
Deleted: b783bc3b44b9b8cd7b781bc86183ad490e3b7b1dca740a4df3e365843cbe5a5a
Deleted: ca21348f372879b0b48ccc5a7e7ce8c97da42f1339b86ec8932231c15bd548be
Deleted: f40aa7fe5d68f46e6ae72ff1a2808c95411f773d140d986506f352b90e412171
Deleted: 637386aea7a0d378aef7c4213300cab50d0ccbbe8ddb0bad18620f5ce73d0c53
Deleted: 2e32b26a94eda87d141712d27037a22abc0fa0cbc5b924e4f6870d5dc207f0d3
Deleted: 19de96c112fcca5b6de16611dc0a359b0b977c551921ca79ac5cf4a8bfff9351
Deleted: ba249489d0b6512128b60a4910e78fa2000c785d59e0599188a6802bd01155f2
Parminders-MacBook-Pro:~ parminderkocher$
Parminders-MacBook-Pro:~ parminderkocher$
Parminders-MacBook-Pro:~ parminderkocher$ docker images
REPOSITORY              TAG             IMAGE ID            CREATED             VIRTUAL SIZE
Parminders-MacBook-Pro:~ parminderkocher$ ▮
```

图 7-6 通过 docker rmi mysql 命令删除 MySQL 镜像

7.1.5 docker run

下载（拉取）了镜像之后，下一步就是执行（运行）镜像，这正是 docker run 命令所要做的事情：

```
docker run [options] image: tag [command, args]
```

这个命令使用容器自己的文件系统、端口和 IP 地址启动容器。我们还可以用一个或多个参数给 run 命令传递一些选项。下面是一些常用选项：

- i 切换到 STDIN 打开的交互模式；

- t 分配一个伪 tty 控制台终端。

docker run 命令还有许多其他选项，例如，以分离（-d）状态（后台）启动进程，也就是说，容器会启动但不监听命令行。我们可以指定命令来覆盖想要运行的镜像自身的默认命令，也可以指定 CPU 和内存方面的运行时约束。

举个例子，让我们拉取 Ubuntu 镜像并执行 run 命令（见图 7-7）：

```
docker pull ubuntu:latest
```

```
Parminders-MacBook-Pro:~ parminderkocher$ docker pull ubuntu: latest
latest: Pulling from library/ubuntu

d3a1f33e8a5a : Pull complete
c22013c84729 : Pull complete
d74508fb6632: Pull complete
91e54dfb1179  : Pull complete
library/ubuntu: latest: The image you are pulling has been verified. Important: image verification is a tech preview feature and
should not be relied on to provide security.

Digest: sha256:73fbe2308f5f5cb6e343425831b8ab44f10bbd77070ecdfbe4081daa4dbe3ed1
Status: Downloaded newer image for ubuntu: latest
Parminders-MacBook-Pro:~ parminderkocher$ ▮
```

图 7-7　从 Docker Hub 仓库下载 Ubuntu 镜像

该命令将最新的 Ubuntu 镜像拉取到本地主机上，如图 7-8 所示。

```
Parminders-MacBook-Pro:~ parminderkocher$ docker images -a
REPOSITORY      TAG          IMAGE ID        CREATED        VIRTUAL SIZE
ubuntu          latest       91e54dfb1179    4 weeks ago    188.4 MB
<none>          <none>       d74508fb6632    4 weeks ago    188.4 MB
<none>          <none>       c22013c84729    4 weeks ago    188.4 MB
<none>          <none>       d3a1f33e8a5a    4 weeks ago    188.2 MB
Parminders-MacBook-Pro:~ parminderkocher$ ▮
```

图 7-8　拉取的最新 Ubuntu 镜像

现在，让我们用 i 和 t 选项在本地主机上运行 Ubuntu。我们还指明了我们想要运行 shell 进程：

```
docker run -it ubuntu sh
```

现在我们在本地机器上运行了一个带有 shell 提示符入口的 Ubuntu 容器。从这里，我们可以运行我们想要的任何 shell 命令。图 7-9 展示了几个简单的例子。例如：

- echo 'Learning Docker';
- ls;
- cd bin（为了查看 bin 目录的内容）。

```
Parminders-MacBook-Pro:~ parminderkocher$ docker run -it ubuntu sh
# echo 'Learning Docker';
Learning Docker
# ls
bin  boot  dev  etc  home  lib  lib64  media  mnt  opt  proc  root  run  sbin  srv  sys  tmp  usr  var
# cd bin
# ls
bash          chgrp          dumpkeys   kill       mknod          openvt                  sed         true            zfgrep
bunzip2       chmod          echo       kmod       mktemp         pidof                   setfont     udevadm         zforce
bzcat         chown          egrep      less       more           ping                    setupcon    umount          zgrep
bzcmp         chvt           false      lessecho   mount          ping6                   sh          uname           zless
bzdiff        cp             fgconsole  lessfile   mountpoint     plymouth                sh.distrib  uncompress      zmore
bzegrep       cpio           fgrep      lesskey    mt             plymouth-upstart-bridge sleep       unicode_start   znew
bzexe         dash           findmnt    lesspipe   mt-gnu         ps                      ss          vdir
bzfgrep       date           grep       ln         mv             pwd                     stty        which
bzgrep        dd             gunzip     loadkeys   nc             rbash                   su          whiptail
bzip2         df             gzexe      login      nc.openbsd     readlink                sync        ypdomainname
bzip2recover  dir            gzip       ls         netcat         rm                      tailf       zcat
bzless        dmesg          hostname   lsblk      netstat        rmdir                   tar         zcmp
bzmore        dnsdomainname  ip         lsmod      nisdomainname  run-parts               tempfile    zdiff
cat           domainname     kbd_mode   mkdir      open           running-in-container    touch       zegrep
#
```

图 7-9　运行交互式 shell

正如所见，bin 目录有系统运转所需的关键程序。

7.1.6　docker ps

`docker ps` 命令列出所有正在运行的容器（见图 7-10）：

```
docker ps [Options]
```

记住，每个容器运行且只运行一个进程。在这个例子中，没有正在运行的容器，因此展示了一个空列表。

图 7-10　`docker ps` 命令显示了所有当前正在运行的容器

让我们用 `-a` 选项再次运行 `ps` 命令，如图 7-11 所示，以查看所有容器，甚至是那些没有运行的容器。

```
Parminders-MacBook-Pro:~ parminderkocher$ docker ps -a
CONTAINER ID    IMAGE     COMMAND    CREATED          STATUS                    PORTS
 NAMES
c8b9770c88e9    ubuntu    "sh"       5 minutes ago    Exited (0) 3 minutes ago
 admiring_albattani
Parminders-MacBook-Pro:~ parminderkocher$ docker restart c8b9770c88e9
c8b9770c88e9
```

图 7-11　`-a` 选项将不活跃的容器混合到结果中

正如所见，由于退出了 shell 提示符，Ubuntu 容器不再运行或活跃，但是它并没有被删除，只是不活跃而已。如果愿意，我们可以重启容器，我们很快就会学到。

7.1.7 docker logs

docker logs 命令提供了指定容器的日志文件，该日志文件包含了容器的标准输出（stdout 和 stderr）：

```
docker logs [Options] Container
```

这一命令仅适用于带有 JSON 文件日志驱动的容器。举个例子，让我们用下面的命令运行 shell 进程：

```
docker run -it ubuntu sh
```

运行几个 shell 命令，如 ls -a 和 cd bin，如图 7-12 所示。

```
PKOCHER-M-343X:~ parminderkocher$ docker run -it ubuntu sh
# ls
bin   dev  home  lib64  mnt  proc  run   srv  tmp  var
boot  etc  lib   media  opt  root  sbin  sys  usr
# cd bin
# ls -a
.               false        more            stty                             uname
..              fgrep        mount           su                               uncompress
bash            findmnt      mountpoint      sync                             vdir
cat             grep         mv              systemctl                        wdctl
chgrp           gunzip       networkctl      systemd                          which
chmod           gzexe        nisdomainname   systemd-ask-password             ypdomainname
chown           gzip         pidof           systemd-escape                   zcat
cp              hostname     ps              systemd-inhibit                  zcmp
dash            journalctl   pwd             systemd-machine-id-setup         zdiff
date            kill         rbash           systemd-notify                   zegrep
dd              ln           readlink        systemd-tmpfiles                 zfgrep
df              login        rm              systemd-tty-ask-password-agent   zforce
dir             loginctl     rmdir           tailf                            zgrep
dmesg           ls           run-parts       tar                              zless
dnsdomainname   lsblk        sed             tempfile                         zmore
domainname      mkdir        sh              touch                            znew
echo            mknod        sh.destrib      true
egrep           mktemp       sleep           umount
```

图 7-12 shell 命令的一些例子

打开另一个终端窗口，通过下面的命令来查找我们刚刚启动的 Ubuntu 容器的容器 ID（见图 7-13）：

```
docker ps -a
```

```
PKOCHER-M-343X:~ parminderkochers docker ps -a
CONTAINER ID        IMAGE               COMMAND             CREATED             STATUS
        PORTS               NAMES
eded3539719c        ubuntu              "sh"                6 minutes ago       Up 6 minutes
                    flamboyant_edison
6a3f4a2d3694        ubuntu              "sh"                7 minutes ago       Exited (0) 7 minutes ago
                    friendly_wilson
PKOCHER-M-343X:~ parminderkochers
```

图 7-13 查找我们刚刚启动的 Ubuntu 容器的容器 ID

复制运行的 Ubuntu 容器的容器 ID。现在，我们可以执行 log 命令来查看这个特定容器的日志（见图 7-14）：

```
docker log eded3539719c
```

我们能够看到日志的内容，在这个例子中是已经执行的命令的历史。

```
PKOCHER-M-343X:~ parminderkochers docker logs eded3539719c
# ls
bin   dev  home  lib64  mnt  proc  run   srv  tmp  var
boot  etc  lib   media  opt  root  sbin  sys  usr
# cd bin
# ls -a
.               false       more            stty                              uname
..              fgrep       mount           su                                uncompress
bash            findmnt     mountpoint      sync                              vdir
cat             grep        mv              systemctl                         wdctl
chgrp           gunzip      networkctl      systemd                           which
chmod           gzexe       nisdomainname   systemd-ask-password              ypdomainname
chown           gzip        pidof           systemd-escape                    zcat
cp              hostname    ps              systemd-inhibit                   zcmp
dash            journalctl  pwd             systemd-machine-id-setup          zdiff
date            kill        rbash           systemd-notify                    zegrep
dd              ln          readlink        systemd-tmpfiles                  zfgrep
df              login       rm              systemd-tty-ask-password-agent    zforce
dir             loginctl    rmdir           tailf                             zgrep
dmesg           ls          run-parts       tar                               zless
dnsdomainname   lsblk       sed             tempfile                          zmore
domainname      mkdir       sh              touch                             znew
echo            mknod       sh.distrib      true
egrep           mktemp      steep           umount
#
#
#
#
#
#
#
#
PKOCHER-M-343X:~ parminderkochers
```

图 7-14 执行 log 命令来查看容器的日志

举一个更复杂的例子。让我们先下载并创建 MySQL 容器。

首先，拉取最新的 MySQL 镜像（见图 7-15）：

```
docker pull MySQL: latest
```

```
Parminders-MacBook-Pro:~ parminderkocher$ docker pull mysql
Using default tag: latest
latest: Pulling from library/mysql

ba249489d0b6: Pull complete
19de96c112fc  : Pull complete
2e32b26a94ed: Pull complete
637386aea7a0 : Pull complete
f40aa7fe5d68 : Pull complete
ca21348f3728 : Pull complete
b783bc3b44b9 : Pull complete
f94304dc94e3 : Pull complete
efb904a945ff : Pull complete
64ef882b700f : Pull complete
291b704c92b1 : Pull complete
adfeb78ac4de : Pull complete
f27e5410cda3 : Pull complete
ca4b92f905b9 : Pull complete
065018fec3d7 : Pull complete
6762f304c834 : Pull complete
library/mysql: latest: The image you are pulling has been verified. Important : image verification is a tech preview feature and
should not be relied on to provide security.

Digest: sha256:842ee1ad1b0f19561d9fee65bb7c6197b2a2b4093f069e7969acefb6355e8c1b
Status: Downloaded newer image for mysql:latest
Parminders-MacBook-Pro:~ parminderkocher$ ▮
```

图 7-15　拉取的最新 MySQL 镜像

下一步，使用 run 命令创建 MySQL 容器（见图 7-16），并记录容器 ID：

```
docker run --name myDatabase \
> -e MySQL_ROOT_PASSWORD=myPassword \
> -d MySQL:latest
```

这里，name 是数据库名，e 是指定数据库密码的环境变量的标志，docker run 命令的 d 选项以分离模式启动进程。

```
Parminders-MacBook-Pro:~ parminderkocher$ docker run --name myDatabase -e MYSQL_ROOT_PASSWORD=myPassword -d mysql:latest
fcb85434597bc8abf5e97acdf985a3315027aa9836eeef4af9b66669493d2c39
Parminders-MacBook-Pro:~ parminderkocher$ ▮
```

图 7-16　运行 MySQL 容器

接下来，验证容器进程：

```
docker ps
```

注意，容器启动并运行起来，如图 7-17 所示。

```
Parminders-MacBook-Pro:~ parminderkocher$ docker ps
CONTAINER ID    IMAGE           COMMAND                   CREATED          STATUS          PORTS       NAMES
fcb85434597b    mysql:latest    "/entrypoint.sh mysql"    25 seconds ago   Up 24 seconds   3306/tcp    myDatabase
Parminders-MacBook-Pro:~ parminderkocher$
```

图 7-17 验证容器进程

现在容器已经启动并运行起来，我们需要连接它。我们首先要知道的是端口。尽管我们知道默认端口是什么，但我们还是通过运行 `logs` 命令来检查一下日志文件：

```
docker logs fcb85434597b
```

这里，`fcb85434597b` 是之前启动的容器的容器 ID（见图 7-18）。

```
Parminders-MacBook-Pro:~ parminderkocher$ docker ps
CONTAINER ID    IMAGE           COMMAND                   CREATED          STATUS          PORTS       NAMES
fcb85434597b    mysql:latest    "/entrypoint.sh mysql"    25 seconds ago   Up 24 seconds   3306/tcp    myDatabase
Parminders-MacBook-Pro:~ parminderkocher$
Parminders-MacBook-Pro:~ parminderkocher$
Parminders-MacBook-Pro:~ parminderkocher$ docker logs fcb85434597b
Running mysql_install_db
2015-10-14 03:32:52 0 [Note] /usr/sbin/mysqld (mysqld 5.6.27) starting as process 15 ...
2015-10-14 03:32:52 15 [Note] InnoDB: Using atomics to ref count buffer pool pages
2015-10-14 03:32:52 15 [Note] InnoDB: The InnoDB memory heap is disabled
2015-10-14 03:32:52 15 [Note] InnoDB: Mutexes and rw_locks use GCC atomic builtins
2015-10-14 03:32:52 15 [Note] InnoDB: Memory barrier is not used
2015-10-14 03:32:52 15 [Note] InnoDB: Compressed tables use zlib 1.2.8
2015-10-14 03:32:52 15 [Note] InnoDB: Using Linux native AIO
2015-10-14 03:32:52 15 [Note] InnoDB: Using CPU crc32 instructions
2015-10-14 03:32:52 15 [Note] InnoDB: Initializing buffer pool, size= 128.0M
2015-10-14 03:32:52 15 [Note] InnoDB: Completed initialization of buffer pool
2015-10-14 03:32:52 15 [Note] InnoDB: The first specified data file ./ibdata1 did not exist: a new database to be created!
2015-10-14 03:32:52 15 [Note] InnoDB: Setting file ./ibdata1 size to 12 MB
2015-10-14 03:32:52 15 [Note] InnoDB: Database physically writes the file full: wait ...
2015-10-14 03:32:52 15 [Note] InnoDB: Setting log file ./ib_logfile101 size to 48 MB
2015-10-14 03:32:52 15 [Note] InnoDB: Setting log file ./ib_logfile1 size to 48 MB
2015-10-14 03:32:52 15 [Note] InnoDB: Renaming log file ./ib_logfile101 to ./ib_logfile0
2015-10-14 03:32:52 15 [Warning] InnoDB: New log files created, LSN=45781
2015-10-14 03:32:52 15 [Note] InnoDB: Doublewrite buffer not found: creating new
2015-10-14 03:32:52 15 [Note] InnoDB: Doublewrite buffer created
2015-10-14 03:32:52 15 [Note] InnoDB: 128 rollback segment(s) are active.
2015-10-14 03:32:52 15 [Warning] InnoDB: Creating foreign key constraint system tables.
2015-10-14 03:32:52 15 [Note] InnoDB: Foreign key constraint system tables created
2015-10-14 03:32:52 15 [Note] InnoDB: Creating tablespace and datafile system tables.
2015-10-14 03:32:52 15 [Note] InnoDB: Tablespace and datafile system tables created.
2015-10-14 03:32:52 15 [Note] InnoDB: Waiting for purge to start
2015-10-14 03:32:52 15 [Note] InnoDB: 5.6.27 started; log sequence number 0
2015-10-14 03:32:53 15 [Note] Binlog end
2015-10-14 03:32:53 15 [Note] InnoDB: FTS optimize thread exiting.
2015-10-14 03:32:53 15 [Note] InnoDB: Starting shutdown ...
2015-10-14 03:32:54 15 [Note] InnoDB: Shutdown completed; log sequence number 1625977
```

图 7-18 运行 `logs` 命令

如图 7-19 所示，我们看到 MySQL 的版本和正在监听的端口。请再次注意，Docker 日志展示了容器的 `stdout` 和 `stderr` 的信息，不要将其与 MySQL 的标准日志文件混淆。

```
MySQL init process done. Ready for start up.

2015-10-14 03:33:00 0 [Note] mysqld (mysqld 5.6.27) starting as process 1 ...
2015-10-14 03:33:00 1 [Note] Plugin 'FEDERATED' is disabled.
2015-10-14 03:33:00 1 [Note] InnoDB: Using atomics to ref count buffer pool pages
2015-10-14 03:33:00 1 [Note] InnoDB: The InnoDB memory heap is disabled
2015-10-14 03:33:00 1 [Note] InnoDB: Mutexes and rw_locks use GCC atomic builtins
2015-10-14 03:33:00 1 [Note] InnoDB: Memory barrier is not used
2015-10-14 03:33:00 1 [Note] InnoDB: Compressed tables use zlib 1.2.8
2015-10-14 03:33:00 1 [Note] InnoDB: Using Linux native AIO
2015-10-14 03:33:00 1 [Note] InnoDB: Using CPU crc32 instructions
2015-10-14 03:33:00 1 [Note] InnoDB: Initializing buffer pool, size= 128.0M
2015-10-14 03:33:00 1 [Note] InnoDB: Completed initialization of buffer pool
2015-10-14 03:33:00 1 [Note] InnoDB: Highest supported file format is Barracuda.
2015-10-14 03:33:00 1 [Note] InnoDB: 128 rollback segment(s) are active.
2015-10-14 03:33:00 1 [Note] InnoDB: Waiting for purge to start
2015-10-14 03:33:00 1 [Note] InnoDB: 5.6.27 started; log sequence number 1625997
2015-10-14 03:33:00 1 [Note] Server hostname (bind-address): '*'; port: 3306
2015-10-14 03:33:00 1 [Note] IPv6 is available.
2015-10-14 03:33:00 1 [Note]   - '::' resolves to '::';
2015-10-14 03:33:00 1 [Note] Server socket created on IP: '::'.
2015-10-14 03:33:00 1 [Warning] 'proxies_priv' entry '@ root@fcb85434597b' ignored in --skip-name-resolve mode.
2015-10-14 03:33:00 1 [Note] Event Scheduler: Loaded 0 events
2015-10-14 03:33:00 1 [Note] mysqld: ready for connections.
Version: '5.6.27' socket: '/var/run/mysqld/mysqld.sock' port: 3306 MySQL Community Server (GPL)
Parminders-MacBook-Pro:~ parminderkocher$ ▌
```

图 7-19　MySQL 的版本及正在监听的端口

注意　另一个检查容器正在监听什么端口的方法是查看 `docker ps` 输出。如果你有留意，图 7-18 中有一个 PORTS 列显示了 3306/tcp，这表明 MySQL 将监听 3306 端口。

7.1.8 docker restart

`docker restart` 命令会重启指定的容器：

```
docker restart [Options] Container ID (s)
```

让我们通过指定容器 ID 来重启 Ubuntu 容器，前面的例子中该容器 ID 是 c8b9770c88e9，如图 7-20 所示。

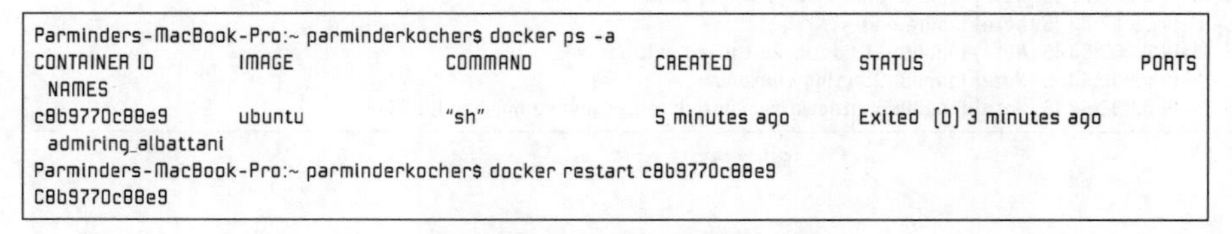

```
Parminders-MacBook-Pro:~ parminderkocher$ docker ps -a
CONTAINER ID        IMAGE               COMMAND             CREATED             STATUS                      PORTS
 NAMES
c8b9770c88e9        ubuntu              "sh"                5 minutes ago       Exited (0) 3 minutes ago
  admiring_albattani
Parminders-MacBook-Pro:~ parminderkocher$ docker restart c8b9770c88e9
C8b9770c88e9
```

图 7-20　重启 Ubuntu 容器

如果再次运行 `ps` 命令，应该会看到一个活动的容器，如图 7-21 所示。

```
Parminders-MacBook-Pro:~ parminderkocher$ docker restart c8b9770c88e9
C8b9770c88e9
Parminders-MacBook-Pro:~ parminderkocher$ docker ps
CONTAINER ID    IMAGE     COMMAND    CREATED       STATUS        PORTS    NAMES
c8b9770c88e9    ubuntu    "sh"       2 weeks ago   Up 6 seconds           admiring_albattani
Parminders-MacBook-Pro:~ parminderkocher$ ▮
```

图 7-21 ps 命令显示了一个活动的容器

正如所见，我们没有得到 shell 提示符。我们可以通过运行 docker attach 命令来解决这个问题，接下来将讨论这个命令。

7.1.9 docker attach

docker attach 命令允许使用者连接到指定的正在运行的容器上，以交互式地控制它或者查看正在进行的输出：

```
docker attach[Options] Container ID
```

运行这个命令，连接到 c8b9770c88e9 的 Ubuntu 容器，以与 shell 提示符交互，如图 7-22 所示。

```
Parminders-MacBook-Pro:~ parminderkocher$ docker ps -a
CONTAINER ID    IMAGE     COMMAND    CREATED         STATUS                       PORTS    NAMES
c8b9770c88e9    ubuntu    "sh"       8 minutes ago   Exited (0) 24 seconds ago             admiring_albattani
Parminders-MacBook-Pro:~ parminderkocher$ docker restart c8b9770c88e9
c8b9770c88e9
Parminders-MacBook-Pro:~ parminderkocher$ docker ps
CONTAINER ID    IMAGE     COMMAND    CREATED         STATUS         PORTS    NAMES
c8b9770c88e9    ubuntu    "sh"       8 minutes ago   Up 5 seconds            admiring_albattani
Parminders-MacBook-Pro:~ parminderkocher$ docker attach c8b9770c88e

# ▮
```

图 7-22 通过 docker attach 命令与 shell 提示符交互

注意，命令提示符回来了，我们可以继续了。另一个重要的方面是，无论什么时候重启这个容器，我们总是会得到 shell 提示符。我们无法改变其行为，因为这是最初在 run 命令中使用-it 启动容器的方式。不过我们肯定可以使用不同的选项、参数和命令再次运行相同的 Ubuntu 镜像。这正是 Docker 的美妙之处。

7.1.10 docker rm

docker rm 命令会删除一个或多个指定的容器：

```
docker rm [Options] Container(s)
```

例如，让我们尝试删除 Ubuntu 容器。在删除容器前必须停止容器，或者使用-f（强制）选项直接删除容器，这实际上会给容器内运行的进程发送 SKGKILL，然后将容器删除：

```
docker stop [Options] Container(s)
```

图 7-23 展示了 Ubuntu 容器的状态。Ubuntu 容器处于运行状态，并已经运行了 38 个小时，如状态属性所示。

```
Parminders-MacBook-Pro:~ parminderkocher$ docker ps -a
CONTAINER ID    IMAGE     COMMAND   CREATED       STATUS         PORTS   NAMES
c8b9770c88e9    ubuntu    "sh"      2 weeks ago   Up 38 hours            admiring_albattani
Parminders-MacBook-Pro:~ parminderkocher$
```

图 7-23　Ubuntu 容器的状态

让我们运行 stop 命令并再次执行 ps -a，如图 7-24 所示。

```
Parminders-MacBook-Pro:~ parminderkocher$ docker stop c8b9770c88e9

c8b9770c88e9
Parminders-MacBook-Pro:~ parminderkocher$
Parminders-MacBook-Pro:~ parminderkocher$ docker ps -a
CONTAINER ID    IMAGE     COMMAND   CREATED       STATUS                        PORTS   NAMES
c8b9770c88e9    ubuntu    "sh"      2 weeks ago   Exited (137) 18 seconds ago           admiring_albattani
```

图 7-24　运行 stop 命令并再次执行 ps -a

正如所见，容器不再运行，状态是以代码 137 退出，这意味着容器收到了 SIGKILL 命令。stop 命令会在一定的宽限期之后发送 SIGTERM 和 SIGKILL。我们可以用-t 选项指定秒数来调整宽限期。当我们想让进程完成重要的请求时，时间选项对这样的实例可能是非常重要的，HTTP 就是这种情况。

我们也可以使用 docker kill 命令，它直接发送 SIGKILL。它不会给容器进程优雅地退出的机会，但它让我们可以向容器进程发送除 SIGKILL 之外的其他东西。

现在，容器停止了，让我们删除容器并再次执行 ps -a，如图 7-25 所示。

```
Parminders-MacBook-Pro:~ parminderkocher$ docker rm c8b9770c88e9
c8b9770c88e9
Parminders-MacBook-Pro:~ parminderkocher$
Parminders-MacBook-Pro:~ parminderkocher$ docker ps -a
CONTAINER ID   IMAGE   COMMAND   CREATED   STATUS   PORTS   NAMES
Parminders-Mac Book-Pro:~ parminderkocher$
```

图 7-25　被删除的容器

注意，容器已经被完全删除，ps -a 命令中已经没有任何踪迹。

7.1.11 docker inspect

`docker inspect` 命令提供了关于容器或镜像的底层、深入的信息：

```
docker inspect [Options] Container ID/Image
```

让我们在 MySQL 容器上运行这个命令，如图 7-26 所示。回想一下，fcb85434597b 是之前示例的容器 ID：

```
docker inspect fcb85434597b
```

```
Parminders-MacBook-Pro:~ parminderkocher$ docker inspect fcb85434597b
[
{
    "Id": "fcb85434597bc8abf5e97acdf985a3315027aa9836eeef4af9b66669493d2c39",
    "Created": "2015-10-14T03:32:52.567916916Z",
    "Path": "/entrypoint.sh",
    "Args": [
        "mysqld"
    ],
    "State": {
        "Running": true,
        "Paused": false,
        "Restarting": false,
        "OOMKilled": false,
        "Dead": false,
        "Pid": 501,
        "ExitCode": 0,
        "Error": "",
        "StartedAt": "2015-10-14T03:32:52.640686535Z",
        "FinishedAt": "0001-01-01T00:00:00Z"
    },
    "Image": "9726f738a97ab74feb22704dc6d0f64a409b952fe41ba4dd7d28fc3d0149f718",
    "NetworkSettings": {
        "Bridge": "",
        "EndpointID": "8be117ced4e0716b522fd0b16d2d52ef8cd587ced4d277ab98430299ff8e7eb7",
        "Gateway": "172.17.42.1" ,
        "GlobalIPv6Address": "",
        "GlobalIPv6PrefixLen": 0,
        "HairpinMode": false,
        "IPAddress": "172.17.0.6",
        "IPPrefixLen": 16,
        "IPv6Gateway": "",
        "LinkLocalIPv6Address": "",
        "LinkLocalIPv6PrefixLen": 0,
        "MacAddress": "02 :42:ac:11:00:06",
        "NetworkID": "476d36a59ec3c998ff0e8b8c87e1b64ad095719190695a8cdd55b99263c556ff",
        "PortMapping": null,
        "Ports": {
            "3306/tcp": null
        },
        "SandboxKey": "/var/run/docker/netns/fcb85434597b",
        "SecondaryIPAddresses": null,
        "SecondaryIPv6Addresses": null
    },
    "ResolvConfPath": "/mnt/sda1/var/lib/docker/containers/fcb85434597bc8abf5e97acdf985a3315027aa9836eeef4af9b66669493d2c39/resolv.conf",
    "HostnamePath": "/mnt/sda1/var/lib/docker/containers/fcb85434597bc8abf5e97acdf985a3315027aa9836eeef4af9b66669493d2c39/hostname",
    "HostsPath": "/mnt/sda1/var/lib/docker/containers/fcb85434597bc8abf5e97acdf985a3315027aa9836eeef4af9b66669493d2c39/hosts",
    "LogPath": "/mnt/sda1/var/lib/docker/containers/fcb85434597bc8abf5e97acdf985a3315027aa9836eeef4af9b66669493d2c39/fcb85434597bc8abf5e97acdf985a33
            15027aa9836eeef4af9b66669493d2c39-json.log",
    "Name": "/myDatabase",
    "RestartCount": 0,
    "Driver": "aufs",
```

图 7-26 docker inspect 的结果

注意，这个命令返回了包含所有信息的完整的 JSON 数组。我们还可以指定其他格式或者查询某些特定信息，如数据库名、IP 地址和端口信息。

下面这一命令将返回数据库名：

```
docker inspect -format='{{.Name}}' fcb85434597b
```

下面这一命令将返回 MySQL 容器的 IP 地址：

```
docker inspect \
> -format='{{.NetworkSettings.IPAddress}}' fcb85434597b
```

7.1.12　docker exec

docker exec 命令可以在已经运行的容器中远程运行命令：

```
docker exec [Options] Container ID Command [Arg...]
```

让我们在 Ubuntu 容器中运行这个命令，如图 7-27 所示。c8b9770c88e9 是之前示例的容器 ID：

```
docker exec c8b9770c88e9 ls -a
```

```
PKOCHER-M-343X:~ parminderkocher$ docker exec e510f8e769fc ls -a
.
..
.dockerenv
bin
boot
dev
etc
home
lib
lib64
media
mnt
opt
proc
root
run
sbin
srv
sys
tmp
usr
var
PKOCHER-M-343X:~ parminderkocher$
PKOCHER-M-343X:~ parminderkocher$
```

图 7-27　docker exec 命令可以在已经运行的容器中运行命令

7.1.13 docker rename

是否已经厌倦了复制和粘贴容器 ID？我们可以给容器起有意义的名字，这样可以更容易记忆和分类。使用 `docker rename` 命令可以重新命名已经运行的容器：

```
Usage: docker rename Container ID new_name
```

让我们重新给 Ubuntu 容器命名。先来查找已有的名字：

```
docker ps -a
```

注意，在图 7-28 中，容器当前的名字是 jolly_gates。

```
PKOCHER-M-343X:~ parminderkocher$ docker ps -a
CONTAINER ID    IMAGE     COMMAND   CREATED          STATUS                    PORTS   NAMES
e510f8e769fc    ubuntu    "sh"      8 minutes ago    Up 8 minutes                      jolly_gates
eded3539719c    ubuntu    "sh"      26 minutes ago   Exited (0) 8 minutes ago          flamboyant_edison
6a3f4a2d3694    ubuntu    "sh"      28 minutes ago   Exited (0) 27 minutes ago         friendly_wilson
PKOCHER-M-343X:~ parminderkocher$ docker
```

图 7-28 docker ps -a 的结果

让我们执行 `rename` 命令：

```
docker rename e510f8e769fc Parminder
```

注意，在图 7-29 中，执行 `rename` 命令改变了容器的名字。

```
PKOCHER-M-343X:~ parminderkocher$ docker ps -a
CONTAINER ID    IMAGE     COMMAND   CREATED          STATUS                    PORTS   NAMES
e510f8e769fc    ubuntu    "sh"      8 minutes ago    Up 8 minutes                      jolly_gates
eded3539719c    ubuntu    "sh"      26 minutes ago   Exited (0) 8 minutes ago          flamboyant_edison
6a3f4a2d3694    ubuntu    "sh"      28 minutes ago   Exited (0) 27 minutes ago         friendty_wilson
PKOCHER-M-343X:~ parminderkocher$ docker rename e510f8e769fc Parminder
PKOCHER-M-343X:~ parminderkocher$
PKOCHER-M-343X:~ parminderkocher$
PKOCHER-M-343X:~ parminderkocher$
PKOCHER-M-343X:~ parminderkocher$ docker ps -a
CONTAINER ID    IMAGE     COMMAND   CREATED          STATUS                    PORTS   NAMES
e510f8e769fc    ubuntu    "sh"      10 minutes ago   Up 10 minutes                     Parminder
eded3539719c    ubuntu    "sh"      28 minutes ago   Exited (0) 10 minutes ago         flamboyant_edison
6a3f4a2d3694    ubuntu    "sh"      29 minutes ago   Exited (0) 28 minutes ago         friendty_wilson
PKOCHER-M-343X:~ parminderkocher$
```

图 7-29 容器重新命名成功

我们现在可以使用这个新名字运行其他各种命令，而不是使用 8 位数的 ID，如图 7-30 所示。

```
PKOCHER-M-343X:~ parminderkocher$ docker togs Parminder
# ls
bin  boot  dev  etc  home  lib  lib64  media  mnt  opt  proc  root  run  sbin  srv  sys  tmp  usr  var
PKOCHER-M-343X:~ parminderkocher$ ▮
```

图 7-30　用新名字运行其他命令

7.1.14　docker cp

docker cp 命令能够在容器和运行容器的机器之间复制文件。下面的命令形式将文件从容器复制到本地机器：

```
docker cp [OPTIONS] CONTAINER:SRC_PATH DEST_PATH
```

下面的命令形式将文件从本地机器复制到指定的容器：

```
docker cp [OPTIONS] SRC_PATH|- CONTAINER:DEST_PATH
```

让我们用 Ubuntu 容器运行第一个命令。图 7-31 展示了这个例子中要使用的 sample.txt 文件。

```
# pwd
/var
# ls -a
 . ..  backups  cache  lib  local  lock  log  mail  opt  run  sample.txt  spool  tmp
# ▮
```

图 7-31　我们将使用的 sample.txt 文件

Parminder 是之前示例的容器名，下面是复制文件的命令（见图 7-32）：

```
docker cp Parminder:/var/sample.txt .
```

```
PKOCHER-M-343X:~ parminderkocher$ docker cp Parminder:/var/sampte.txt .
PKOCHER-M-343X:~ parminderkocher$ ls
Applications                                   Downloads          Public
Box Sync                                       IdeaProjects       Root
Cloudera-Admin-test-VM                         Learning Scala     VirtualBox VMs
Cloudera-Admin-test-VM.zip                     Library            Whiteboard.ucf
Cloudera-Training-Get2EC2-VM-1.1-vmware-1.1    Movies             eclipse
Cloudera-Training-Get2EC2-VM-1.1-vmware-1.1.zip  Music            myGitProject
Desktop                                        MyDocker           sample.txt
Dockerfile                                     MyJabberFiles      target
Documents                                      Pictures
PKOCHER-M-343X:~ parminderkocher$ ▮
```

图 7-32　将文件从 Parminder 容器复制到本地机器

现在让我们尝试将文件从本地机器复制到容器的命令。这里，我们使用本地机器上名为 MyFile.txt 的示例文件，如图 7-33 所示。

```
PKOCHER-M-343X:~ parminderkocher$ touch MyFile.txt
PKOCHER-M-343X:~ parminderkocher$ ls
Applications                                   Downloads          Pictures
Box Sync                                       IdeaProjects       Public
Cloudera-Admin-test-VM                         Learning Scala     Root
Cloudera-Admin-test-VM.zip                     Library            VirtualBox VMs
Cloudera-Training-Get2EC2-VM-1.1-vmware-1.1    Movies             Whiteboard.ucf
Cloudera-Training-Get2EC2-VM-1.1-vmware-1.1.zip Music             eclipse
Desktop                                        MyDocker           myGitProject
Dockerfile                                     MyFile.txt         sample.txt
Documents                                      MyJabberFiles      target
PKOCHER-M-343X:~ parminderkocher$
```

图 7-33　将 MyFile.txt 文件从本地机器复制到容器

下面的命令将 MyFile.txt 文件复制到名为 Parminder 的容器中并存放在/var 目录下，如图 7-34 所示。Parminder 是之前示例中的容器名：

```
docker cp MyFile.txt Parminder:/var
```

```
# pwd
/var
# ls -a
.  ..  MyFile.txt backups cache lib local lock log mail opt run sample.txt spool tmp
#
```

图 7-34　将 MyFile.txt 从本地机器复制到名为 Parminder 的容器的/var 目录下

7.1.15 docker pause/unpause

`docker pause` 命令挂起指定容器内的所有进程：

```
docker pause CONTAINER [CONTAINER...]
```

在 Linux 中，这个命令使用了 cgroups 的 freezer。`docker unpause` 命令让容器再次运行：

```
docker unpause CONTAINER [CONTAINER...]
```

让我们用 Ubuntu 容器运行 `docker pause` 命令，如图 7-35 所示。Parminder 是之前示例的容器名：

```
docker pause Parminder
```

```
PKOCHER-M-343X:~ parminderkocher$ docker pause Parminder
Parminder
PKOCHER-M-343X:~ parminderkocher$ docker ps -a
CONTAINER ID    IMAGE     COMMAND   CREATED            STATUS                     PORTS   NAMES
e02085c7ba70    ubuntu    "sh"      19 minutes ago     Exited (0) 18 minutes ago          vibrant_saha
e510f8e769fc    ubuntu    "sh"      23 hours ago       Up 16 minutes (Paused)             Parminder
eded3539719c    ubuntu    "sh"      23 hours ago       Exited (0) 23 hours ago            flamboyant_edison
6a3f4a2d3694    ubuntu    "sh"      23 hours ago       Exited (0) 23 hours ago            friendly_wilson
PKOCHER-M-343X:~ parminderkocher$
```

图 7-35　用 Ubuntu 容器运行 docker pause 命令

我们刚刚暂停了容器，有效地暂停了其中所有进程。尝试在容器内运行命令，会发现与图 7-36 所示的类似情况。

```
# ls
```

图 7-36　尝试在已暂停的容器内运行命令

让我们取消暂停（见图 7-37）：

```
docker unpause Parminder
```

```
PKOCHER-M-343X:~ parminderkocher$ docker unpause Parminder
Parminder
PKOCHER-M-343X:~ parminderkocher$ docker ps -a
CONTAINER ID    IMAGE     COMMAND   CREATED            STATUS                     PORTS   NAMES
e02085c7ba70    ubuntu    "sh"      22 minutes ago     Exited (0) 21 minutes ago          vibrant_saha
e510f8e769fc    ubuntu    "sh"      23 hours ago       Up 19 minutes                      Parminder
eded3539719c    ubuntu    "sh"      23 hours ago       Exited (0) 23 hours ago            flamboyant_edison
6a3f4a2d3694    ubuntu    "sh"      23 hours ago       Exited (0) 23 hours ago            friendly_wilson
PKOCHER-M-343X:~ parminderkocher$
```

图 7-37　取消暂停的容器

由于我们刚刚取消容器的暂停，因此所有进程又再次恢复运行。挂起的 ls 命令（处于等待状态）也完成了运行，如图 7-38 所示。

```
# ls
MyFile.txt  backups  cache  lib  local  lock  log  mail  opt  run  sample.txt  spool  tmp
#
```

图 7-38　挂起的 ls 命令，之前处于等待状态，现在完成了执行

7.1.16　docker create

docker create 命令在指定镜像之上创建可写的容器层并为运行指定的命令做好准备：

```
docker create [OPTIONS] IMAGE [COMMAND] [ARG...]
```

容器 ID 会作为结果输出。这个命令与运行 `docker run -d` 的细微差别在于容器并没有启动。接下来可以使用 `docker start` 命令启动容器。例如，当 IT 团队想要预先搭建一个容器，以便在准备好上线时可以随时启动的时候，这种创建容器却推迟启动的能力是很方便的。

让我们创建一个新容器（见图 7-39）：

```
docker create -t -i fedora bash
```

```
PKOCHER-M-343X:~ parminderkocher$ docker create -t -i fedora bash
Unable to find image 'fedora:latest' locally
latest: Pulling from library/fedora
1b39978eabd9: Pull complete
Digest: sha256:8d3f642aa4d3fa8f9dc52ab0e3bbbe8bc2494843dc6ebb26c4a6958db888e5a2
Status: Downloaded newer image for fedora:latest
239cae10b3cf6d35d3f8621f8eab5a7bcdf9bcd363e4e21971de7e7b2365654f
PKOCHER-M-343X:~ parminderkocher$ docker ps -a
CONTAINER ID    IMAGE     COMMAND   CREATED            STATUS                      PORTS   NAMES
239cae10b3cf    fedora    "bash"    18 seconds ago     Created                             sleepy_euclid
e02085c7ba70    ubuntu    "sh"      31 minutes ago     Exited (0) 30 minutes ago           vibrant_saha
e510f8e769fc    ubuntu    "sh"      23 hours ago       Exited (0) 42 seconds ago           Parminder
eded3539719c    ubuntu    "sh"      23 hours ago       Exited (0) 23 hours ago             flamboyant_edison
6a3f4a2d3694    ubuntu    "sh"      23 hours ago       Exited (0) 23 hours ago             friendly_wilson
PKOCHER-M-343X:~ parminderkocher$
```

图 7-39 新创建的容器

注意，这个容器被创建了但并未启动。

7.1.17 docker commit

`docker commit` 命令简单但却非常重要——它容许用容器的更改来创建新镜像：

```
docker commit{Options} Container [Repository:Tag]
```

当对容器进行了修改并且想将其作为新镜像发送给另一个开发者或测试团队时，这个命令可以从运行的容器创建新镜像。

7.1.18 docker diff

`docker diff` 命令是另一个重要命令，它的功能不言而喻——列出容器文件系统中变化的文件和目录：

```
docker diff Container ID
```

随着时间推移，当对容器进行了修改时，这个命令会突出显示文件系统相对于基础镜像的差异。

7.2 Dockerfile

让我们使用 Dockerfile 在 Ubuntu 操作系统上创建之前示例使用过的相同的 MySQL 容器。如我们之前讨论过的，Dockerfile 基本上是一组指令或命令，Docker 能够通过执行它们来创建镜像。它类似于文本文件，可以在没有任何编程语言知识的情况下进行创建。它有语法非常简单的命令。

下面是需要了解的一些简单格式。

- Dockerfile 必须从 FROM 指令开始，它指定了作为起始的基础镜像。#开头的行用于注释。FROM 指令支持变量，因此，唯一能够置于 FROM 之前的指令是 ARG。示例如下：

```
ARG OS_VERSION=14.04
FROM Ubuntu:${OS_VERSION}
```

- 这是 Instruction Arguments（指令参数）的语法。
- 每个指令从上到下串行执行。
- Dockerfile 及其所在目录的相关文件会被发送给 Docker 守护进程（daemon）。出于这个原因，为了让镜像的尺寸保持轻量，不要在这个目录中存放不必要的文件。

下面是 Dockerfile 可以使用的一些简单指令。

- ADD 从宿主机上指定的源或 URL 复制文件到容器内的指定目的地。
- CMD 会在容器实例化时执行特定命令。一个 Dockerfile 中只能有一个 CMD 指令，如果存在多个 CMD 指令，则执行最后出现的 CMD 指令。
- ENTRYPOINT 指定容器启动时默认运行的可执行程序。如果想让镜像可以执行，那么这是必需的，或者可以使用 CMD。
- ENV 设置 Dockerfile 中的环境变量，这可以用在接下来的指令中，例如，ENV MySQL_ROOT_PASSWORD mypassword。
- EXPOSE 指定容器要监听的端口。
- FROM 指定用来构建镜像的基础镜像。这是 Dockerfile 中最开头的命令，也是必须要有的命令。

- MAINTAINER 设置生成镜像的作者信息，例如，MAINTAINER pkocher@domain.com。
- RUN 执行指定的命令而且为每个 RUN 指令创建一个层。下一层会在之前提交的层上创建。
- USER 设置运行镜像和各种指令（如 RUN、CMD 和 ENTRYPOINT）所使用的用户名或用户 ID。
- VOLUME 指定容器可以访问的一个或多个宿主机上的共享卷。
- WORKDIR 设置 RUN、CMD、COPY 或 ADD 指令的工作目录。

MySQL Dockerfile

现在，我们了解了 Dockerfile，让我们在 Ubuntu 系统上构建一个 MySQL 容器。使用你钟爱的编辑器（Vi、Pico 等），创建一个名为 Dockerfile 的新文件。添加如下指令：

```
From ubuntu:14.04
Maintainer pkocher@domain.com
Run apt-get update
Run apt-get -y install MySQL-server
EXPOSE 3306
CMD ["/usr/bin/MySQLd_safe"]
```

保存文件并退出。注意到我们从基础镜像 Ubuntu 14.04 开始。RUN 命令 apt-get -y install 下载 MySQL 软件包及其依赖并安装。EXPOSE 命令暴露容器会监听的 3306 端口。

最后，docker build 命令以相同的模式启动 MySQL 进程：

```
docker build [Options] Path/URL
```

这个命令从指定的 Dockerfile 和上下文构建镜像。上下文指的是其他资源文件的指定位置。上下文可以通过目录路径或 GitHub 仓库的 URL 来指定。

应该始终用 docker build 传递-t 选项来为镜像打标签，以便它更易于辨别。简单易读的标签有助于管理镜像。

让我们用之前新建的 Dockerfile 构建 MySQL 镜像，如图 7-40 所示，确保将文件命名为 Dockerfile。同一目录中没有其他东西：

```
docker build -t pkocher/MySQL .
```

注意，在图 7-41 中，Docker 从第一条指令开始构建并顺序执行。每条指令构建一次并被缓存。

```
Parminders-MacBook-Pro:MyDocker parminderkocher$ docker build -t pkocher/mysql .
Sending build context to Docker daemon 3.072 kB
Step 0 : FROM ubuntu
 ---> 91e54dfb1179
Step 1 : MAINTAINER pkocher@gmail.com
 ---> Running in ff60156730fd
 ---> 0dd9db6f7989
Removing intermediate container ff60156730fd
Step 2 : RUN apt-get -y install mysql-server
 ---> Running in fe6f48d526af
Reading package lists ...
Building dependency tree ...
Reading state information ...
The following extra packages will be installed:
  libaio1 libdbd-mysql-perl libdbi-perl libhtml-template-perl libmysqlclient18
  libterm-readkey-perl libwrap0 mysql-client-5.5 mysql-client-core-5.5
  mysql-common mysql-server-5.5 mysql-server-core-5.5 psmisc tcpd
Suggested packages:
  libclone-perl libmldbm-perl libnet-daemon-perl libplrpc-perl
  libsql-statement-perl libipc-sharedcache-perl tinyca mailx
The following NEW packages will be installed:
  libaio1 libdbd-mysql-perl libdbi-perl libhtml-template-perl libmysqlclient18
  libterm-readkey-perl libwrap0 mysql-client-5.5 mysql-client-core-5.5
  mysql-common mysql-server mysql-server-5.5 mysql-server-core-5.5 psmisc tcpd
0 upgraded, 15 newly installed, 0 to remove and 0 not upgraded.
Need to get 9159 kB of archives.
After this operation, 97.0 MB of additional disk space will be used.
Get: 1 http://archive.ubuntu.com/ubuntu/ trusty/main libaio1 amd64 0.3.109-4 [6364 B]
Get: 2 http://archive.ubuntu.com/ubuntu/ trusty/main mysql-common all 5.5.35+dfsg-1ubuntu1 [14.1 kB]
```

图 7-40　构建 MySQL 镜像

```
Setting up libhtml-template-perl (2.95-1) ...
Setting up tcpd (7.6.q-25) ...
Processing triggers for ureadahead (0.100.0-16) ...
Setting up mysql-server (5.5.35+dfsg-1ubuntu1) ...
Processing triggers for libc-bin (2.19-0ubuntu6.6) ...
 ---> 08e9a7c04c4f
Removing intermediate container fe6f48d526af
Step 3 : EXPOSE 3306
 ---> Running in 1ae5e57c81ce
 ---> 2e9d44165b70
Removing intermediate container 1ae5e57c81ce
Step 4 : CMD /usr/bin/mysqld_safe
 ---> Running in a09f3a5bc93e
 ---> ae267abf008c
Removing intermediate container a09f3a5bc93e
Successfully built ae267abf008c
Parminders-MacBook-Pro:MyDocker parminderkocher$ ▮
```

图 7-41　Docker 指令被顺序地构建并被缓存

可以尝试重新构建相同的 Dockerfile，基本上什么都不会重建，因为没有什么变化。尝试执行相同的命令。

构建一旦完成，就创建了可以检入仓库的镜像。让我们确认：

```
docker images
```

如在图 7-42 中所见，pkocher/MySQL 镜像已经准备就绪。

```
Parminders-MacBook-Pro:MyDocker parminderkocher$ docker images
REPOSITORY      TAG       IMAGE ID       CREATED              VIRTUAL SIZE
pkocher/mysql   latest    8ef5ceb3439e   About a minute ago   318.1 MB
mysql           latest    9726f738a97a   2 weeks ago          324.3 MB
ubuntu          latest    91e54dfb1179   8 weeks ago          188.4 MB
Parminders-MacBook-Pro:MyDocker parminderkocher$
```

图 7-42　现在 pkocher/MySQL 镜像准备就绪

现在，让我们运行这个镜像并验证它做了应该做的事情（见图 7-43）：

```
docker run -d -p 3306:3306 pkocher/MySQL
```

```
Parminders-MacBook-Pro:MyDocker parminderkocher$ docker run -d -p 3306:3306 pkocher/mysql
5063c4bed669ef217b65b870c126c908e522e122e992b65447ed1ae22898b419
Parminders-MacBook-Pro:MyDocker parminderkocher$
```

图 7-43　运行 pkocher/MySQL 镜像

记得 Dockerfile 里有一个 CMD 命令，它应该会拉起 MySQL 服务器。让我们确认：

```
docker ps
```

如在图 7-44 中所见到的，镜像启动并运行起来了。

```
Parminders-MacBook-Pro:MyDocker parminderkocher$ docker ps
CONTAINER ID   IMAGE           COMMAND                  CREATED          STATUS          PORTS                    NAMES
5063c4bed669   pkocher/mysql   "/usr/bin/mysqld_safe"   36 seconds ago   Up 35 seconds   0.0.0.0:3306->3306/tcp   modest_euclid
Parminders-MacBook-Pro:MyDocker parminderkocher$
```

图 7-44　镜像启动并运行

让我们深入一些，通过运行一些查询来确认更高的准确性。首先，我们使用 docker exec 命令在这个容器上执行 bash，如图 7-45 所示。注意，5063c4bed669 是之前命令的容器 ID。

```
docker exec -it 5063c4bed669 bash
```

```
Parminders-MacBook-Pro:MyDocker parminderkocher$ docker exec -it 5063c4bed669 bash
root@5063c4bed669:/#
```

图 7-45　使用 docker exec 命令执行 bash

让我们登入 MySQL 并执行一些查询来进一步确认一切都已启动并运行（见图 7-46）：

```
Command: mysql
show databases;
connect information_schema
show tables
```

```
root@5063c4bed669:/# mysql
Welcome to the MySQL monitor. Commands end with ; or \g.
Your MySQL connection id is 2
Server version: 5.5.35-1ubuntu1 (Ubuntu)

Copyright (c) 2000, 2013, Oracle and/or its affiliates. All rights reserved.

Oracle is a registered trademark of Oracle Corporation and/or its
affiliates. Other names may be trademarks of their respective
owners.

Type 'help;' or '\h' for help. Type '\c' to clear the current input statement.

mysql> show databases;
+--------------------+
| Database           |
+--------------------+
| information_schema |
| mysql              |
| performance_schema |
+--------------------+
3 rows in set (0 .00 sec)

mysql> connect information_schema
Reading table information for completion of table and column names
You can turn off this feature to get a quicker startup with -A

Connection id:    3
Current database: information_schema

mysql> show tables
    ->;
+---------------------------------------+
| Tables_in_information_schema          |
+---------------------------------------+
| CHARACTER_SETS                        |
| COLLATIONS                            |
| COLLATION_CHARACTER_SET_APPLICABILITY |
| COLUMNS                               |
| COLUMN_PRIVILEGES                     |
| ENGINES                               |
| EVENTS                                |
| FILES                                 |
| GLOBAL_STATUS                         |
| GLOBAL_VARIABLES                      |
| KEY_COLUMN_USAGE                      |
| PARAMETERS                            |
| PARTITIONS                            |
| PLUGINS                               |
```

图 7-46　确认一切都正常运行

7.3 Docker Compose

使用 Docker 的应用通常是多容器应用。这就是说，它们有部署在多个 Docker 容器上的组件（App、Web、数据库）。为了简化多容器应用的定义并能用简单的方式运行它们，

Docker 引入了 Docker Compose。

假定我们想要运行一个由 Tomcat 和 MySQL 数据库组成的应用。下面是我们在 docker-compose.yml 文件中对这两个服务的设置。

```
version: '2'
services:
  tomcat:
    image: 'tomcat:7'
    container_name: appserver
    ports:
      - '8080:80'
    depends_on:
      - db
  db:
    image: 'mysql:5.7'
    container_name: dbserver
    ports:
      - '3306:3306'
    environment:
      - MYSQL_ROOT_PASSWORD=sample
      - MYSQL_DATABASE=helpdesk
      - MYSQL_USER=helpdesk
      - MYSQL_PASSWORD=helpdesk
```

Docker Compose 使用 YAML（YAML Ain't Markup Language）文件进行配置，但 YAML 也可以用于许多其他类型的应用。

我们在 docker-compose.yml 文件中定义了两个服务：Tomcat 和 MySQL。这里的服务配置是自解释的。需要注意的关键问题之一是 Tomcat 服务的配置有一个称为 `depends_on` 的选项，而且它将 `db` 作为依赖。它指示 Docker 先启动数据库服务，再启动 Tomcat。Docker Compose 还有更多选项，可以通过 Docker 在线文档自己探索。

一旦定义了 docker-compose.yml 文件，使用下面的命令是启动服务的方法：

```
Command: docker-compose up -d
```

该命令检查 compose 文件，找出配置文件中定义的服务，以服务启动时所要遵循的顺序构建依赖图，最后按此顺序启动。如果 services 部分配置的镜像不在本地机器上，它会按通常的做法从 Docker 注册中心获取该镜像。图 7-47 展示了运行这一命令的输出。

```
lelakshm [remove] $ docker-compose up -d
Creating network "remove_default" with the default driver
Pulling db (mysql:5.7) ...
5.7: Pulling from library/mysql
85b1f47fba49 : Pull complete
5671503d4f93 : Pull complete
3b43b3b913cb: Pull complete
4fbb803665d0: Pull complete
05808866e6f9: Pull complete
1d8c65d48cfa : Pull complete
e189e187b2b5 : Pull complete
02d3e6011ee8 : Pull complete
d43b32d5ce04: Pull complete
2a809168ab45: Pull complete
Digest: sha256:1a2f9361228e9b10b4c77a651b460828514845dc7ac51735b919c2c4aec864b7
Status: Downloaded newer image for mysql:5.7
Pulling tomcat (tomcat:7) ...
7: Pulling from library/tomcat
85b1f47fba49  : Already exists
ba6bd283713a : Pull complete
b7aa4dbe97e5 : Pull complete
9e61d008c81f  : Pull complete
c29ddaee3569: Pull complete
134c34ceaaa5  : Pull complete
ce255e8bcfe2 : Pull complete
9b9cfdb3562c : Pull complete
00c3060b4e32: Pull complete
fd27456f3ba2  : Pull complete
9d04c86dfa35 : Pull complete
8300cf32c1b1  : Pull complete
Digest: sha256:9ca301c5c37cdb858332d18ba98e7097d5749a5e14e077026adfa1db4c354d4e
Status: Downloaded newer image for tomcat:7
Creating dbserver ...
Creating dbserver ... done
Creating appserver ...
Creating appserver ... done
lelakshm [remove] $
lelakshm [remove] $
lelakshm [remove] $ docker ps
CONTAINER ID     IMAGE          COMMAND                   CREATED              STATUS              PORTS                               NAMES
cfe293439c4f     tomcat:7       "catalina.sh run"         About a minute ago   Up About a minute   8080/tcp, 0.0.0.0:8080->80/tcp      appserver
2da28febf786     mysql:5.7      "docker-entrypoint..."    About a minute ago   Up About a minute   0.0.0.0:3306->3306/tcp              dbserver
lelakshm [remove] $ ▌
```

图 7-47 运行 Docker Compose

如在图 7-47 中所见，由于本地没有 Tomcat 和 MySQL 镜像，在启动它们之前，会从仓库拉取这些镜像。另一个需要注意的关键问题是，由于 MySQL 被标注为 Tomcat 的依赖，在 Tomcat 服务启动前，会先下载并启动 MySQL。

我们对 Docker 命令的讨论至此结束。这些命令会持续演进，所以开发人员需要查看 Docker 的在线文档同步最新情况。

第 8 章

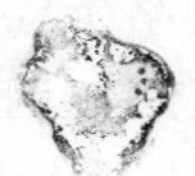

容器连网

在前面 3 章我们已经学习了容器的基础知识以及 Docker 是如何将容器带到下一个层次的，但只是把容器运行起来是没有用的，容器需要彼此通信，与外部世界的连接必须作为部署的一部分来设计。在本章中，我们将探讨和学习容器世界的连网选择。让我们先复习 Linux 的一些基本概念，这将有助于讨论容器连网。

8.1 关键 Linux 概念

我们知道，容器是自包含和隔离的虚拟环境，它们能够运行整个应用或者应用的一部分，在这两种情况中，关键需求之一都是连通性。

虽然我们一直用客户端连接容器，但我们需要的是整体的连通性。我们需要同一个宿主机的容器之间、多个宿主机的容器之间，以及多个数据中心之间的连通性，也就是说，我们要能创建自己的网络。Docker 使用 Linux 连网和内核特性来提供这种能力。

我们不会详细介绍 Linux 基础知识，但要理解 Docker 连网必须了解一些关键的 Linux 连网概念。

- **Linux 网络命名空间**。通常，Linux 安装会提供一组标准网络接口和路由表项，整个操作系统会使用它来实现路由和连网。可以将网络命名空间看作一个网络栈，该网络栈有自己的网络接口和各自独立运作的路由表项。Docker 使用网络命名空间这个特性来隔离容器并提供安全性。我们可以拥有多个网络命名空间，从而能够独立地运行每个容器，让每个容器在管理员配置前无法与同一宿主机上的其他容器通信。宿主机有自己的命名空间，包含了宿主机的网络接口和路由表。

- **Linux 网桥**。这是 Linux 内核模块的一部分，其实现了 Linux 连网功能。可以将其看作第二层的虚拟交换机，而且也能进行过滤。它能通过流量检查动态学习生产 MAC 地址表，并基于 MAC 地址表进行转发决策。
- **Linux 虚拟以太网设备**。它也被称为 veth（virtual Ethernet）设备，它们是连接网络命名空间的接口。我们可以在网络命名空间栈上创建多个条目，并且配置 veth 来建立连通性。将这些看作管道，能够让网络命名空间彼此连接以及连接到外部网络。
- **Linux 的 iptables**。iptables 是 Linux 内核的一部分，它为操作系统提供了包过滤和防火墙功能。开发人员可以定义策略和策略链来容许或阻止流量。Docker 利用这个功能在容器之间分配流量，实现端口映射，由此能够将容器的端口绑定到宿主机的端口上，等等。

现在我们已经概述了 Linux 的连网功能，接下来我们探讨一下容器的连接类型，先从最简单的互联开始。

8.2 互联

在 Docker 发布高级连网特性（我们很快会学习）之前，连接两个或多个容器最简单的方法是容器“互联”。`--link` 标志（现已废弃的 Docker 功能）容许容器发现并保护容器间传输信息的连接。这种技术更像是实现连通性的通用途径，而不是真正基于端口的连网方法。这是通过共享环境变量和/etc/hosts 文件条目实现的，Docker 引擎自动创建了它们来连接容器。

举个例子，让我们启动 Tomcat 应用服务器和 MySQL 数据库并在它们之间建立连接。这二者之间应该能够进行交互。让我们通过执行下面的命令获得最新的 Tomcat 镜像（见图 8-1）：

```
docker pull tomcat
```

接下来，我们启动 Tomcat 容器。我们将其称为 `tomcatContainer`：

```
docker run -d -- name tomcatContainer tomcat
```

为了确保容器启动并运行，可以使用下面的命令：

```
docker ps
```

```
[ANUJSIN-M-T2H9:pkocher anujsin$ docker pull tomcat
Using default tag: latest
latest: Pulling from library/tomcat
9f0706ba7422 : Pull complete
d3942a742d22: Pull complete
2b95a7bc6bf9 : Pull complete
7bd307c6c6e7 : Pull complete
ba7da8b01135 : Pull complete
74169d04cf0d : Pull complete
08cc0e294332: Pull complete
d2f5746bc4d3 : Pull complete
eb109ae04806 : Pull complete
99ac3ea73cee: Pull complete
24772bc65b49 : Pull complete
03774cef060c : Pull complete
8673b4967afd : Pull complete
3a49ad4798f1 : Pull complete
Digest: sha256:c55c84d34b82d794298bb7ee8c70f52f9dfcd1bd34106394b2bc99ed60216f16
Status: Downloaded newer image for tomcat:latest
ANUJSIN-M-T2H9:pkocher anujsin$
```

图 8-1 拉取的最新 Tomcat 镜像

如图 8-2 所示，容器正在运行。

```
[ANUJSIN-M-T2H9:pkocher anujsin$ docker ps
CONTAINER ID   IMAGE          COMMAND             CREATED         STATUS         PORTS      NAMES
90d4a06e190e   tomcat:latest  "catalina.sh run"  4 minutes ago   Up 4 minutes   8080/tcp   tomcatContainer
ANUJSIN-M-T2H9:pkocher anujsin$
```

图 8-2 Tomcat 容器正在运行

现在启动 MySQL 容器并使用`--link`标志将 MySQL 容器与 Tomcat 容器连接起来：

```
docker run --link tomcatContainer:tomcat --name sqlcontainer \
> -e MYSQL_ROOT_PASSWORD=password -d mysql
```

如果本地没有 MySQL 镜像，它会拉取镜像，如图 8-3 所示。

```
ANUJSIN-M-T2H9:prometheus anujsin$ docker run --link tomcatContainer:tomcat --name sqlcontainer -e MYSQL
_ROOT_PASSWORD=password -d mysql
Unable to find image 'mysql: latest' locally
latest: Pulling from library/mysql
9f0706ba7422 : Already exists
2290e155d2d0 : Pull complete
547981b8269f : Pull complete
2c9d42ed2f48 : Pull complete
55e3122f1297 : Pull complete
abc10bd84060 : Pull complete
c0a5ce64f2b0 : Pull complete
c4595eab8e90: Pull complete
098988cead35: Pull complete
300ca5fa5eea : Pull complete
43fdc4e3e690 : Pull complete
Digest: sha256:d178dffba8d81afedc251498e227607934636e06228ac63d58b72f9e9ec271a6
```

图 8-3 拉取的 MySQL

让我们确认这两个容器按指定的方式相互连接了。首先，执行下面的命令登入 MySQL 容器：

```
docker exec -it sqlcontainer /bin/bash
```

接下来，检查位于/etc/hosts 的主机文件：

```
cat /etc/hosts
```

注意，在图 8-4 中，确实有一个应用服务器容器及其 IP 地址 172.17.0.2 条目。

```
[root@f864f6e4150f:/#
[root@f864f6e4150f:/#
[root@f864f6e4150f:/# cat /etc/hosts
127.0.0.1                    localhost
::1          localhost ip6-localhost ip6-loopback
fe00::0 ip6-localnet
ff00::0 ip6-mcastprefix
ff02::1 ip6-allnodes
ff02::2 ip6-allrouters
172.17.0.2    tomcat 90d4a06e190e tomcatContainer
172.17.0.3    f864f6e4150f
root@f864f6e4150f:/# ▮
```

图 8-4　应用服务器容器及其 IP 地址条目

让我们打开另一个终端来验证 Tomcat 容器的 IP 地址（见图 8-5）：

```
docker inspect TomcatContainer | grep IP
```

```
ANUJSIN-M-T2H9:~ anujsin$
ANUJSIN-M-T2H9:~ anujsin$ docker inspect tomcatContainer |grep IP
            "LinkLocalIPv6Address": "",
            "LinkLocalIPv6PrefixLen": 0,
            "SecondaryIPAddresses": null,
            "SecondaryIPv6Addresses": null,
            "GlobalIPv6Address":"",
            "GlobalIPv6Prefixlen": 0,
            "IPAddress": "172.17.0.2"
            "IPPrefixlen": 16,
            "IPv6Gateway": "",
                    "IPAMConfig": null,
                    "IPAddress": "172.17.0.2",
                    "IPPrefixLen": 16,
                    "IPv6Gateway": "",
                    "GlobalIPv6Address": "",
                    "GlobalIPv6PrefixLen": 0,
ANUJSIN-M-T2H9:~ anujsin$ ▮
```

图 8-5　Tomcat 的 IP 地址

注意，IP 地址 172.17.0.2 与我们在主机文件中发现的 IP 地址相匹配，这意味着，建立连接的所有东西都已就位。让我们从 MySQL 容器 ping 一下 Tomcat 容器来进行测试。回到之前的终端并发出下面这个命令：

```
ping 172.17.0.2
```

图 8-6 显示连接成功！

```
[root@f864f6e4150f:/#
[root@f864f6e4150f:/# ping 172.17.0.2
PING 172.17.0.2 (172.17.0.2): 56 data bytes
64 bytes from 172.17.0.2: icmp_seq=0 ttl=64 time=0.190 ms
64 bytes from 172.17.0.2: icmp_seq=1 ttl=64 time=0.109 ms
64 bytes from 172.17.0.2: icmp_seq=2 ttl=64 time=0.114 ms
64 bytes from 172.17.0.2: icmp_seq=3 ttl=64 time=0.089 ms
64 bytes from 172.17.0.2: icmp_seq=4 ttl=64 time=0.125 ms
64 bytes from 172.17.0.2: icmp_seq=5 ttl=64 time=0.103 ms
64 bytes from 172.17.0.2: icmp_seq=6 ttl=64 time=0.105 ms
^C--- 172.17.0.2 ping statistics ---
7 packets transmitted, 7 packets received, 0% packet loss
round-trip min/avg/max/stddev = 0.089/0.119/0.190/0.031 ms
```

图 8-6 连接成功

8.3 默认选项

因为--link 标志已经被废弃并且终将被移除，所以要避免使用它。作为--link 的替代，Docker 提供了 3 个默认连接选项，它们都在安装时被自动创建：none（无指定）、host（主机）和 bridge（桥接）。运行下面的命令可以列出这些网络：

```
docker network ls
```

图 8-7 展示了输出结果。

```
[ANUJSIN-M-T2H9:~ anujsin$ docker network ls
NETWORK ID          NAME                DRIVER              SCOPE
fe3118460998        bridge              bridge              local
4a8e216f9a47        host                host                local
1bb6d94233c0        none                null                local
ANUJSIN-M-T2H9:~ anujsin$
```

图 8-7 网络清单

下面我们来看一下这些网络。

8.3.1 none

none 选项是所有连网选项中最简单的，基本意味着没有连网。它确实获得了容器特定的栈和命名空间，但缺少网络接口。因此，没有为这个容器配置 IP 地址，就无法与其他容器或外部网络连接。它只有一个分配给它的回环地址。

举个例子，让我们再次通过指定网络选项为 none 来使用 Tomcat 镜像：

```
docker run -it --network=none tomcat /bin/bash
```

让我们检查容器的 IP 地址：

```
docker inspect 43c10fe289b3| grep IP
```

正如预期的那样，容器没有被分配 IP 地址，如图 8-8 所示。

```
ANUJSIN-M-T2H9:~ anujsin$
ANUJSIN-M-T2H9:~ anujsin$
ANUJSIN-M-T2H9:~ anujsin$ docker inspect 43c10fe289b3 |grep IP
            "LinkLocalIPv6Address": "",
            "LinkLocalIPv6PrefixLen": 0,
            "SecondaryIPAddresses": null,
            "SecondaryIPv6Addresses": null,
            "GlobalIPv6Address":"",
            "GlobalIPv6PrefixLen": 0,
            "IPAddress": "",
            "IPPrefixLen": 0,
            "IPv6Gateway": "",
                    "IPAMConfig": null,
                    "IPAddress": "",
                    "IPPrefixLen": 0,
                    "IPv6Gateway": "",
                    "GlobalIPv6Address": "",
                    "GlobalIPv6PrefixLen": 0,
ANUJSIN-M-T2H9:~ anujsin$
```

图 8-8　容器没有被分配 IP 地址

正如所见，此容器与其他容器以及宿主机网络完全隔离。这种配置用于隔离环境、特定定制连网或者不打算进行连接的实例的测试。

8.3.2 host

顾名思义，host 选项会将容器添加到宿主机的网络命名空间中，因此宿主机和容器会共享同一网络命名空间。这是第二简单的连网选项：添加的容器能够使用宿主机栈的所有网络接口。在这种情况下，容器与宿主机之间有一对一的端口映射，也就是说，如果在容器的 8080 端口上运行一个应用服务器，该应用服务器可以通过宿主机的 8080 端口访问。

这里有两个关键事项需要注意：第一，仍需要进行网络配置；第二，这种模式无法使用端口映射。原因在于容器和宿主机共享相同的网络命名空间。如果其他服务想要使用 8080 端口，就会卡住。网桥选项就不会是这种情况，我们将在接下来的小节中讨论。

让我们运行新的 CentOS 镜像并指定 host 作为网络选项：

```
docker run --network=host -d centOS
```

接下来，我们验证容器已经在运行并登入容器中（见图 8-9）：

```
docker ps
docker exec -it kickass_minsky /bin/bash
```

```
[[root@cml ~]# docker ps
CONTAINER ID    IMAGE      COMMAND        CREATED          STATUS          PORTS     NAMES
9fa5e216d856    centos     "/bin/bash"    50 seconds ago   Up 49 seconds             kickass_minsky
[[root@cml ~]# docker exec -it kickass_minsky /bin/bash
[root@cml /]# ▮
```

图 8-9　登入 CentOS 容器

看起来不错。让我们查看 CentOS 容器的 IP 地址：

```
ifconfig | grep inet
```

注意，在图 8-10 中，容器的 IP 地址是 10.88.30.156。

```
[[root@cml ~]# ifconfig |grep inet
        inet 10.88.30.156 netmask 255.255.255.128  broadcast 10.88.30.255
        inet6 2001:420:1402:2033:21d:9ff:fe6d:5aea  prefixlen 64  scopeid 0x0<global>
        inet6 fe80::21d:9ff:fe6d:5aea  prefixlen 64  scopeid 0x20<link>
        inet 172.17.0.1  netmask 255.255.0.0  broadcast 0.0.0.0
        inet6 fe80::42:bcff:fe24:ee1b  prefixlen 64  scopeid 0x20<link>
        inet 127.0.0.1  netmask 255.0.0.0
        inet6 ::1  prefixlen 128  scopeid 0x10<host>
[root@cml ~]# ▮
```

图 8-10　检查容器的 IP 地址

现在打开另一个终端找出宿主机的 IP 地址：

```
Command: ifconfig | grep inet
```

如图 8-11 所示，结果正如我们所预期的那样：容器具有与宿主机相同的 IP 地址——10.88.30.156。

基本上，这个容器的连网表现得就像是物理机一样，这实际上给了它关键的好处——性能，即接近裸机的速度。图 8-12 展示了它看上去的样子。

```
[root@cml /]#
[root@cml /]# ifconfig |grep inet
        inet 10.88.30.156  netmask 255.255.255.128  broadcast 10.88.30.255
        inet6 2001:420:1402:2033:21d:9ff:fe6d:5aea  prefixlen 64  scopeid 0x0<global>
        inet6 fe80::21d:9ff:fe6d:5aea  prefixlen 64  scopeid 0x20<link>
        inet 172.17.0.1  netmask 255.255.0.0  broadcast 0.0.0.0
        inet6 fe80::42:bcff:fe24:ee1b  prefixlen 64  scopeid 0x20<link>
        inet 127.0.0.1  netmask 255.0.0.0
        inet6 ::1  prefixlen 128  scopeid 0x10<host>
[root@cml /]#
```

图 8-11　检查机器的 IP 地址

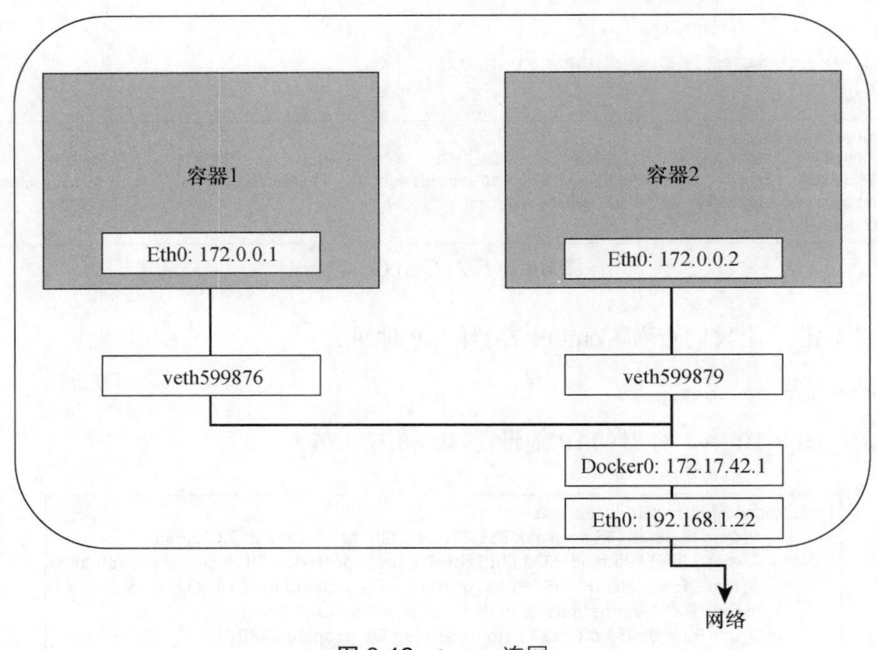

图 8-12　host 连网

8.3.3　bridge

bridge（也称 docker0）是不指定任何参数（none 或者 host）运行命令时的默认连网选项，不要与将其我们之前讨论的 Linux 网桥搞混，即使 Docker 使用它来提供这种网桥连网功能。

有可能已经从名字里猜到，bridge 为容器间通信创建了一个内部专有网络。注意，这种情况下分配的 IP 地址无法从宿主机之外访问，必须暴露端口来提供外部访问。为了加深理解，让我们运行下面的命令：

```
docker network inspect bridge
```

如在图 8-13 中所见，容器部分是空的，因为还没有容器运行。

```
ANUJSIN-M-T2H9:~ anujsin$ docker network inspect bridge
[
        {
                "Name": "bridge",
                "ID": "fe31184609981ba9602670fe4de2f48458fb057b6ff786be92590c5ad79f5bbb",
                "Created": "2017-07-08T19:08:03.016505706Z",
                "Scope": "local",
                "Driver": "bridge",
                "EnableIPv6": false,
                "IPAM": {
                    "Driver": "default",
                    "Options": null,
                    "Config": [
                        {
                            "Subnet": "172.17.0.0/16",
                            "Gateway": "172.17.0.1",
                        }
                    ]
                },
                "Internal": false,
                "Attachable": false,
                "Ingress": false,
                "ConfigFrom": {
                    "Network": ""
                 },
                "ConfigOnly": false,
                "Containers": {},
                "Options": {
                    "com.docker.network.bridge.default_bridge": "true",
                    "com.docker.network.bridge.enable_icc": "true",
                    "com.docker.network.bridge.enable_ip_masquerade": "true",
                    "com.docker.network.bridge.host_binding_ipv4": "0.0.0.0",
                    "com.docker.network.bridge.name": "docker0",
                    "com.docker.network.driver.mtu": "1500"
                },
                "Labels": {}
        }
]
```

图 8-13 容器部分为空

让我们启动几个容器，一个指定 bridge 参数，另一个保持默认情况：

```
docker run -d --network=bridge mysql
docker run -d --network=default tomcat
```

现在，让我们再次运行 inspect 命令并注意差别：

```
docker network inspect bridge
```

如在图 8-14 中所见，两个容器通过相同的 bridge 连接在一起并通过 IP 地址彼此通信。

```
[
    {
        “Name”: “bridge”,
        “Id”: “fe3118460998lba9602670fe4de2f48458fb057b6ff786be92590c5ad79f5bbb”,
        “Created”: “2017-07-08T19:08:03.016505706Z”,
        “Scope”: “local”,
        “Driver”: “bridge”,
        “EnableIPv6”: false,
        “IPAM”: {
            “Driver”: “default”,
            “Options”: null,
            “Config”: [
                {
                    “Subnet”: “172.17.0.0/16”,
                    “Gateway”: “172.17.0.1”
                }
            ]
        },
        “Internal”: false,
        “Attachable”: false,
        “Ingress”: false,
        “ConfigFrom”: {
            “Network”: “”
        },
        “ConfigOnly”: false,
        “Containers”: {
            “04c7ae5a7e73b249b729b2927244122b82e114d45e63291a260847ca8634ad48”: {
                “Name”: “wonderful_kalam”,
                “EndpointID”:
“30ad3accb403119dc09ae38207fdb1aa44e9f13647df980ce349181e2d2b01f7”,
                “MacAddress”: “02:42:ac:11:00:03”,
                “IPv4Address”: “172.17.0.3/16”,
                “IPv6Address”: “”
            },
            “3c056870b9a7db53de33914a12edb65415e5e14fd26c8916d629d8439e47d928”: {
                “Name”: “blissful_babbage”,
                “EndpointID”:
“1d365a32d1aea32e3e00d35e4d074f1cf8d293006dd88b3320010272920c5ae0”,
                “MacAddress”: “02:42:ac:11:00:02” ,
                “IPv4Address”: “172.17.0.2/16”,
                “IPv6Address”: “”
            }
        },
        “Options”: {
            “com.docker.network.bridge.default_bridge”: “true”,
            “com.docker.network.bridge.enable_icc”: “true” ,
            “com.docker.network.bridge.enable_ip_masquerade”: “true”,
            “com.docker.network.bridge.host_binding_ipv4”: “0.0.0.0”,
            “com.docker.network.bridge.name”: “docker0”,
            “com.docker.network.driver.mtu”: “1500”
        },
        “Labels”: {}
    }
]
```


图 8-14　容器通过相同的 bridge 连接，且彼此通过 IP 地址通信

如我们之前所做的（见图 8-11），通过运行 attach 命令和 ifconfig 连接到每个容器并从容器内部查看网络是什么样子。可以从容器 1 内部 ping 容器 2 来检测连通性。那么问题是，后端发生了什么能让 bridge 和连通性起作用？

Docker 使用基本的 Linux 连网来实现这个魔法。因为通过 bridge 参数或不指定任何连网参数创建的所有容器全部都连接到这个 bridge(docker0)，所以它们能够彼此通信。Docker 将所有必要的条目放入/etc/hosts/文件中来使其工作。图 8-15 展示了这一切看上去是什么样子。

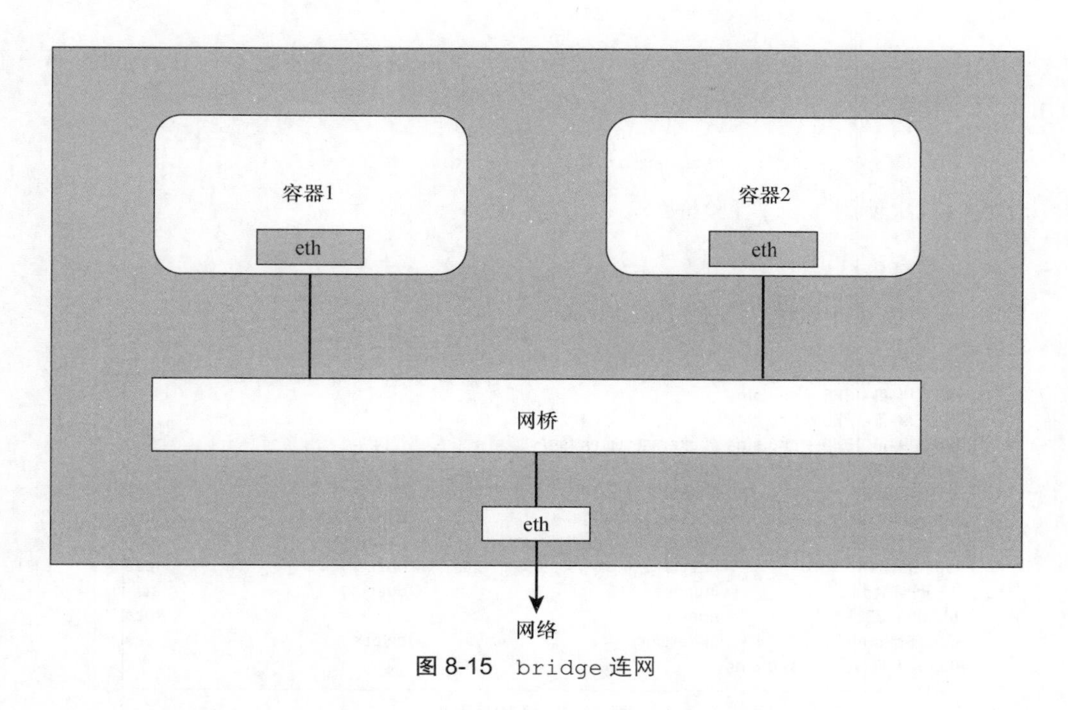

图 8-15 bridge 连网

8.4 自定义网络

除了安装 Docker 时包含的 3 种默认网络，还可以自定义网络来控制连通性。Docker 提供了网络驱动，可以利用这些驱动来创建自定义网络。创建自定义网络为使用者提供了全面控制和灵活性，读者将在本节了解到。我们将讨论下面 3 种最常用的自定义网络：自定义网桥网络（bridge network）驱动、重叠网络（overlay network）驱动和非重叠（Macvlan）网络（underlay network）驱动。

8.4.1　自定义网桥网络驱动

自定义网桥（bridge）驱动非常类似于之前讨论的docker0，但其拥有更多功能，如IPAM（IP地址管理）和服务发现。它也提供了更多灵活性。

要创建自定义网桥网络，可以使用下面的命令：

```
docker network create [OPTIONS] NETWORK
```

如果需要，可以在命令中指定IP地址和子网，Docker将会分配专有IP空间的下一个可用子网。让我们执行这条命令：

```
docker network create --driver bridge pkNetwork
```

让我们再次使用 `ls` 进行验证：

```
docker network ls
```

图8-16中展示了刚刚创建的pkNetwork。

```
ANUJSIN-M-T2H9:~ anujsin$
ANUJSIN-M-T2H9:~ anujsin$
ANUJSIN-M-T2H9:~ anujsin$ docker network ls
NETWORK ID          NAME                        DRIVER          SCOPE
fe3118460998        bridge                      bridge          local
133b7c28f2be        docker_gwbridge             bridge          local
d163ca8f2882        dockerservices_default      bridge          local
4a8e216f9a47        host                        host            local
vf5dr217stoa        ingress                     overlay         swarm
1bb6d94233c0        none                        null            local
33edf6b8d0de        pkNetwork                   bridge          local
ANUJSIN-M-T2H9:~ anujsin$
```

图8-16　列出网络

如同我们在讨论docker0时所做的那样，让我们检查一下这个新网络：

```
docker network inspect pkNetwork
```

查看图8-17，注意我们所用的驱动——网桥。这是我们的自定义网桥网络。

现在还没有容器构建到这个网络。正如在bridge/docker0的例子中所做的那样，我们可以通过将网络指定为 `pkBridge` 来创建一些容器，然后检查网络来查看关联。在幕后，Docker在Linux底层创建了必要的配置来使之发挥作用。

```
ANUJSIN-M-T2H9:~ anujsin$ docker network inspect pkNetwork
[
    {
        "Name": "pkNetwork",
        "Id": "33edf6b8d0de1493a2d7dfde6762c1664ce59ae8b38aa7cae0a5726552d8edd9",
        "Created": "2017-07-08T21:59:15.821409856Z",
        "Scope": "local",
        "Driver": "bridge",
        "EnableIPv6": false,
        "IPAM": {
            "Driver": "default";
            "Options": { },
            "Config": [
                {
                    "Subnet": "172.20.0.0/16",
                    "Gateway": "172.20.0.1"
                }
            ]
        },
        "Internal": false,
        "Attachable": false,
        "Ingress": false,
        "ConfigFrom": {
            "Network": ""
        },
        "ConfigOnly": false,
        "Containers": { },
        "Options": { },
        "Labels": { }
    }
]
```

图 8-17 自定义网桥网络

端口映射

如我们之前讨论的，使用 Docker，相同网络中的容器能够彼此通信。当然，这正是将容器置于相同网络的目的。但外部访问被防火墙阻挡了，也就是说，外部世界无法访问容器，除非显示地授予访问权限来让外部连接成为可能。这是通过内部端口映射实现的，借此我们通过 Docker `run` 命令将容器端口绑定到宿主机端口上。我们还可以组合使用暴露和发布命令，先暴露而后将所有暴露的端口发布到宿主机网络接口上。

考虑下面的例子：

```
docker run -d --network pkBridge -p 8000:80 --name tomcatPK -d tomcat
```

我们可以使用浏览器从外部访问 Tomcat 服务器，如图 8-18 所示。

那么，这里发生了什么？在后台，Docker 引擎在 Linux 的 iptables 中添加了一条 NAT（网络地址转换）规则。看一看底层的 iptables，应该能够在列表中看到这条映射条目。

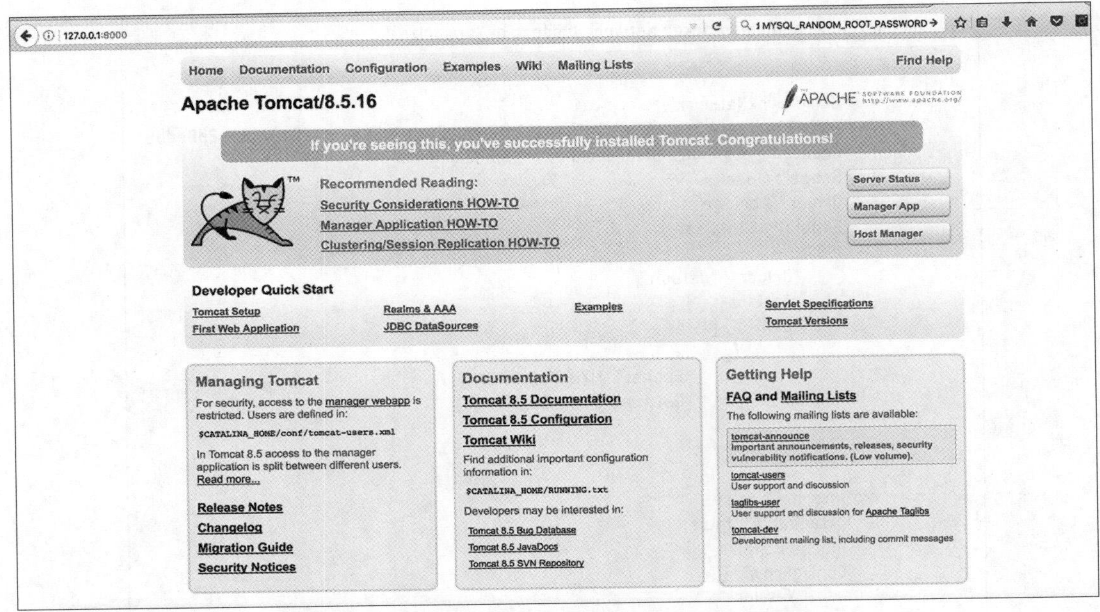

图 8-18　通过浏览器从外部访问 Tomcat 服务器

读者可能已经注意到，网桥驱动的范围是局部的，也就是说，它被限制在单个宿主机上，而另外两种网络驱动（即重叠驱动和非重叠驱动）处理多主机范围。

8.4.2　重叠网络驱动

重叠（overlay）驱动被用来实现容器跨多个宿主机的连接。为了做到这一点，它将容器网络与底层物理层解耦并创建跨宿主机的隧道来实现通信。将其当作一个跨多个宿主机的网络，所有这个特定网络上的容器都能够向在一个宿主机内部那样通信。图 8-19 展示了这种网络。

注意，这个特定重叠网络上的容器无法与同一宿主机上的其他容器通信，除非它们在同一重叠网络上。

Docker 使用 VXLAN（虚拟可扩展局域网）作为隧道技术。如同创建网桥网络，我们能够通过指定子网来创建重叠网络。Docker 在每个宿主机上自动实例化连接所需的设置（宿主机之间的 Linux 网桥以及相关的 VXLAN 网络接口）。

Docker 足够聪明，能够只在容器连接需要的宿主机上创建这些设置，这防止了在所有宿主机上存在每个重叠网络，Docker 容器的这个关键特性解决了微服务分布式部署和连接的需求。

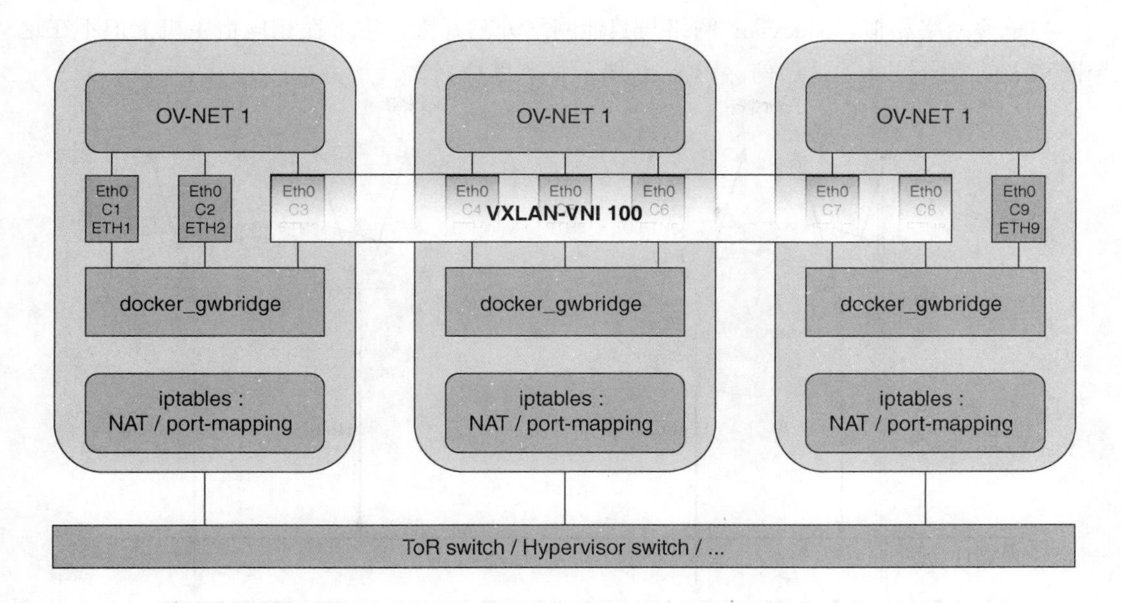

图 8-19 重叠网络

Docker Swarm

现实中，会有一个的 Docker 引擎节点组成的集群来运行应用服务。Docker Swarm 提供了集群管理和编排。每个运行在节点上的 Docker 引擎都以 swarm 模式运行。关键特性之一是多宿主机连网，Docker Swarm 通过我们之前讨论的重叠网络提供该特性。当使用重叠网络创建一个服务时，Swarm 的管理节点自动将网络扩展到此服务的其他节点上。

Docker Swarm 并非管理集群的唯一方法，还有其他几种开源技术，如 Kubernetes 和 Mesos。在这些情况下，重叠网络需要有效的键值存储服务来保存必要的信息，如发现服务、端点、IP 地址等。支持的键值存储包括 Consul、ZooKeeper 和 etcd 等。

8.4.3 非重叠网络驱动和 Macvlan

媒体访问控制虚拟局域网（即 Macvlan）是另一个内建的网络驱动，它非常轻量而且比其他驱动更简单。它不使用内建的 Linux 网桥和端口映射，相反，它将容器的网络接口直接连接到宿主机的网络接口（eth0 或子网接口）上。

基本上，这些都是一个宿主机的单个物理网络接口之后的虚拟网络接口。使用这种方法，每个虚拟网络接口都有唯一的 MAC 和 IP 地址，这使得容器不需要 NAT 和端口映射就可以直接与外部资源通信，这使该驱动比其他方法更高效。

与重叠网络相似，Macvlan 网络与其他网络分割开来，运行在相同宿主机上但不在这个网络上的容器彼此无法通信。图 8-20 展示了非重叠网络。

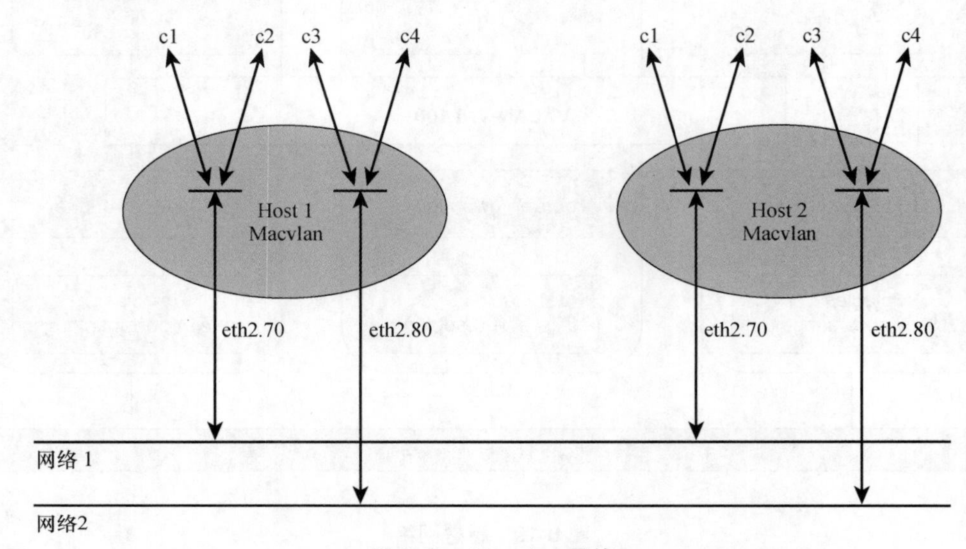

图 8-20　Macvlan 网络

正如所见，Docker 在连网方面非常灵活。如果需求更复杂并且无法用我们讨论的选项解决，可以编写自己的网络驱动插件或者使用现成的插件，如 Weave Net 或 Flannel。

第 9 章

容器编排

管理少量容器与管理生产规模的容器有天壤之别，生产的容器数量可能从几百到几千。为了支持集群管理，我们需要一种简单的方法来大规模部署和处理这些容器，这称为容器编排。在本章中我们将了解业界可用的一些方法并介绍每种方法的基本原理。容器编排是一个快速变化的领域，理解了这些技术的工作原理以及它们之间的关键区别之后，要了解一下最新的开发情况。

好消息是，容器编排领域有许多选择。当然，确定哪个工具最适合使用者的环境却绝非易事。下面是业界广泛使用的几个流行选项：

- Kubernetes；
- Mesos + Marathon；
- Docker Swarm。

在接下来的几节中我们会逐一介绍这些选项。

9.1 Kubernetes

Kubernetes 是谷歌公司领导的开源项目。谷歌公司在管理和部署大规模容器方面有极其丰富的经验。Kubernetes 是一种编排引擎，它通过提供容器化应用需要的资源和能力，帮助你在需要的地方和时间运行容器化应用，如图 9-1 所示。

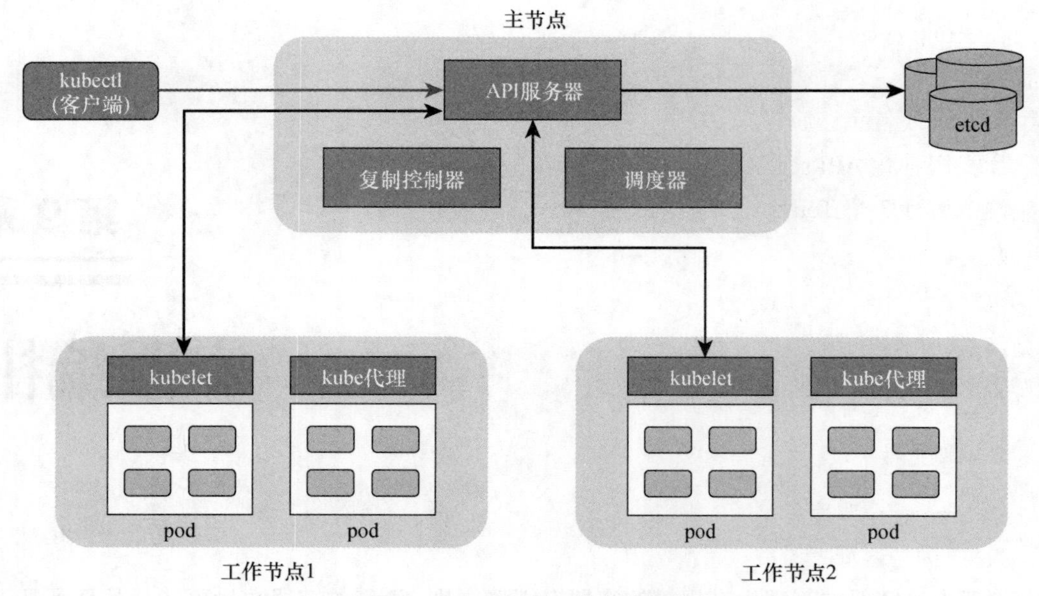

图 9-1　Kubernetes 的主要组件

下面我们来看一下这个编排引擎的主要组件。

9.1.1　kubectl

Kubernetes 有一个称为 kubectl 的命令行接口，它被用于运行命令以及与 Kubernetes 集群交互。

9.1.2　主节点

主节点（master node）是 Kubernetes 的大脑，它在一些支持服务的帮助下协调集群活动。它有 API 服务器（API server）、调度器（scheduler）和复制控制器（replication controller）。它们管理所有活动——调度和维护应用的理想状态、向上和向下伸缩等。

1. API 服务器

API 服务器负责公开与 Kubernetes 集群交互的 REST API。所有客户端（kubectl）与 Kubernetes 集群之间发生的外部通信均由 API 服务器处理；另外，集群范围内的工作（worker）节点与主节点之间的通信也由 API 服务器处理。这也是与分布式键值存储（etcd）通信以存储对象状态的唯一组件。

在 Kubernetes 的术语中，我们使用对象来描述想从集群得到的东西或者想让集群所处的状态。例如，对象可能是想要在集群中运行的应用、在任何给定时间希望集群中有多少应用实例，或者想让应用彼此之间如何通信。

让我们看看 API server 如何处理请求。比如说我们发出一个运行 Tomcat 容器的命令并在集群中运行 3 个 Tomcat 实例：

```
kubectl run myTomcat --image=Tomcat --replicas=3
```

幕后发生的是，kubectl 将我们要在集群中运行 3 个 Tomcat 服务器的“意图”或请求提交给 API 服务器，然后 API 服务器与调度器和复制控制器组件一起处理我们的请求并将集群置于期望的状态。

2. 调度器

Kubernetes 调度器是负责将容器放置（调度运行）到集群节点的组件。它通过创建 pod（Kubernetes 调度的基本单元）来完成该工作。可以将 pod 想象成一个拥有独立命名空间的逻辑主机，其中可以有一个或多个容器。所有容器都位于一个 pod 中并共享 pod 的命名空间。

当请求提交给 Kubernetes 的 API 服务器时，API 服务器与调度器一起工作，将 pod 放在集群节点中。在将 pod 放入工作节点时，调度器检查各种条件：

- 哪个节点有足够的资源（如 CPU 和内存）运行 pod 中的容器；
- 节点是否能打开足够的端口，按 pod 所要求的那样；
- 将 pod 放在何处以便在集群中足够近，从而避免延迟问题（节点亲和性）；
- 节点是否在集群中分布以支持高可用。

正如所见，调度器必须就在集群何处放置 pod 做出明智的决策，而这正是 Kubernetes 调度器的关键责任之一。它从 pod 读取描述 pod 策略（所需的 CPU 数量、内存、可用性需求、节点亲和性等）的数据并运行自己的算法来得到放置 pod 的最佳节点。

下面是 Kubernetes 调度器决定在何处放置给定的 pod 之前所经历的典型过程。

（1）调度器读取 pod 关于资源、节点亲和性等的需要并通过从 etcd 数据库拉取信息来检视可用节点的列表。它小心地过滤掉当时不满足 pod 策略/需求的任何节点。

例如，比如说一个节点有 12 GB 内存并且运行了一个使用了 8 GB 内存的 pod。这个节点剩余的内存是 4 GB。如果调度器寻找至少有 8 GB 内存的节点来调度 pod 运行，那么这个节点会被排除掉，因为它没有运行给定 pod 所要求的内存数量。

（2）Kubernetes 会仔细分析通过第 1 步的节点。它遵循一组标准从符合的节点中选出最好的一个。例如，如果应用有两个 pod，即 A 和 B，不希望两个节点都调度到相同的节点上运行，因为如果节点宕机，就会影响应用的可用性，特别是在微服务的情况下。

另一个例子是复制。出于相同的原因（影响可用性），这里不希望 pod 的副本被调度到相同的节点上。在 Kubernetes 找出应该运行给定 pod 的可能最好的节点之前，会考虑很多这样的策略。

（3）一旦选出最好的节点，调度器将 pod 调度到选中的节点上运行。

Kubernetes 是一个非常好的可插拔架构。如果需要一个更适合业务或组织需要的调度器，可以插入自己的调度器。

3. 复制控制器（控制器管理器）

复制控制器的工作是确保集群在给定的时间运行预期或期望数量的 pod 副本。比方说，我们请求 Kubernetes 在集群中运行 3 个 Tomcat 容器实例。Kubernetes 创建了 3 个 pod 并调度它们在集群中运行。它经过调度过程并挑选出最适合的节点运行这 3 个 pod。现在假设运行 Tomcat pod 的其中一个节点由于某种原因停止运转了。这就引起了我们想要在集群中运行的 pod 的期望数量和 pod 运行的实际数量之间的增量。考虑到这个增量，复制控制器会启动并请求 Kubernetes 调度器在集群的某处（连同该机器上运行的其他 pod）启动 Tomcat pod 的另一个实例。

此外，假设不需要在集群中运行 3 个 Tomcat pod 的实例。也许应用的黄金时期已经过了，由于预期流量更少，因而想减少资源。可以用调整的 pod 副本数量来运行相同的命令：

```
kubectl run myTomcat --image=tomcat --replicas=2
```

复制控制器将再次启动并杀掉集群中运行的多余 pod（这里是 1 个）来维护预期的状态。

9.1.3 工作节点

工作节点（worker node）是 pod 被调度运行的地方。一个称为 kubelet 的代理运行在每个工作节点中。kubelet 作为每个工作节点的单一联系点，它负责从主节点获取“工作”并在工作节点中执行工作。这里的工作是需要在工作节点中执行的单个或多个 pod。通常，主节点中的调度模块使用 API 服务器为 kubelet 提供 pod 的详细信息。在收到来自主节点的工作后，它确保 pod 在节点中成功启动。

kubelet 还负责报告节点的状态（它的健康、资源可用性等）以及节点中运行的每个 pod 的状态。kubelet 通过 API 服务器将这些统计信息保存在 etcd 数据库中。这些可以从 etcd 数据库中获取的数据作为调度器来判断哪些节点可用于（以及每个节点中有什么可用的资源）调度 pod 的数据源。复制控制器也利用这些数据来确定集群中是否运行了期望数量的服务副本。如果集群中没有运行期望数量的副本，它将介入来匹配期望的状态。

pod

Kubernetes 的 pod 是动态的。换言之，它们按需创建；当节点故障时，它们能够被移动到其他节点上；它们能够被复制控制器扩展以处理更多流量，或者被收缩以节约资源。为了说清楚，让我们用一个具体例子讨论这个主题。

9.1.4 示例：Kubernetes 集群

假定我们在 Kubernetes 集群中运行了 3 个 MySQL 的 pod 实例，如图 9-2 所示。

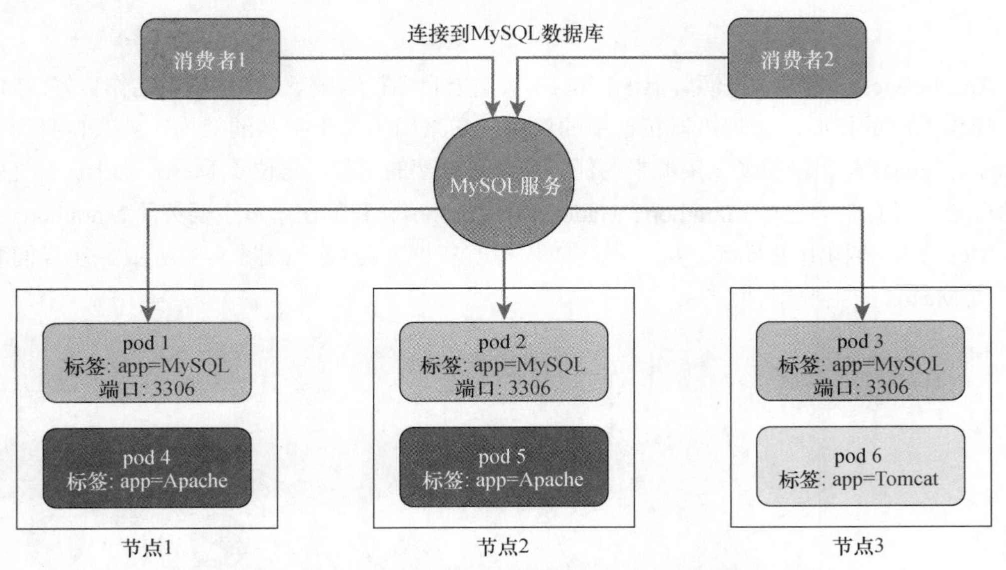

图 9-2 运行在 Kubernetes 集群中的 3 个 MySQL 的 pod 实例

pod 有描述自己的元数据。从图 9-2 中可以看到，MySQL pod 有一个标签 app=MySQL 和一个端口 3306。pod 1、pod 2 和 pod 3 以完全相同的方式被标记，如此一来，我们为集群中一起提供服务的“相关”pod 创建了一个逻辑组。在这个例子中，这 3 个 pod 向其消费者提供了数据库服务。

让我们看一个传统的 3 层应用，其中 Apache Tomcat（消费者 1）这样的应用服务器尝试从 MySQL 数据库拉取数据。微服务架构给消费者带来的挑战是搞清楚 MySQL pod 的位置。如之前所见，MySQL pod 所在的节点并不是静态的。由此，挑战是可靠地定位这些 pod 并能够与其通信。这正是 Kubernetes 服务应运而生的所在。

Kubernetes 服务形成了一个抽象层，其通过一组相关 pod 为客户端请求提供了单一入口点。换句话说，我们可以说一个前面的服务隐藏了一堆相关的后端 pod，这是非常强大的抽象，因为现在后端 pod 的位置变得与消费者不相关了。消费者可以只联系服务，每个服务都有一个在其生命周期内不会改变的虚拟 IP 地址和端口。简言之，Kubernetes 服务通过跟踪组成服务的 pod 来实现与一组相关 pod 进行通信。

有大量文档帮助安装和配置 Kubernetes，参见 Kubernetes 官方网站。这里讨论这些主题的目的是解释这些概念。应该始终参考最新的在线文档进行安装和配置。

9.2 Apache Mesos 和 Marathon

Apache Mesos 是一个开源容器编排框架，其被证明在大规模生产环境中运作良好。Mesos 类似操作系统的核心，管理机器集群中的资源，它采用了基于主从的架构。就其自身而言，Mesos 管理的仅是集群资源，集群中的任务调度是框架的工作，它位于 Mesos 之上。有许多可用的框架，最有名的包括 Marathon、Hadoop 和 Chronos。我们在本章主要关注 Marathon。

Mesos 的架构由主节点、从节点（或代理）和框架组成，如图 9-3 所示。让我们看一下组成 Mesos 的主要组件。

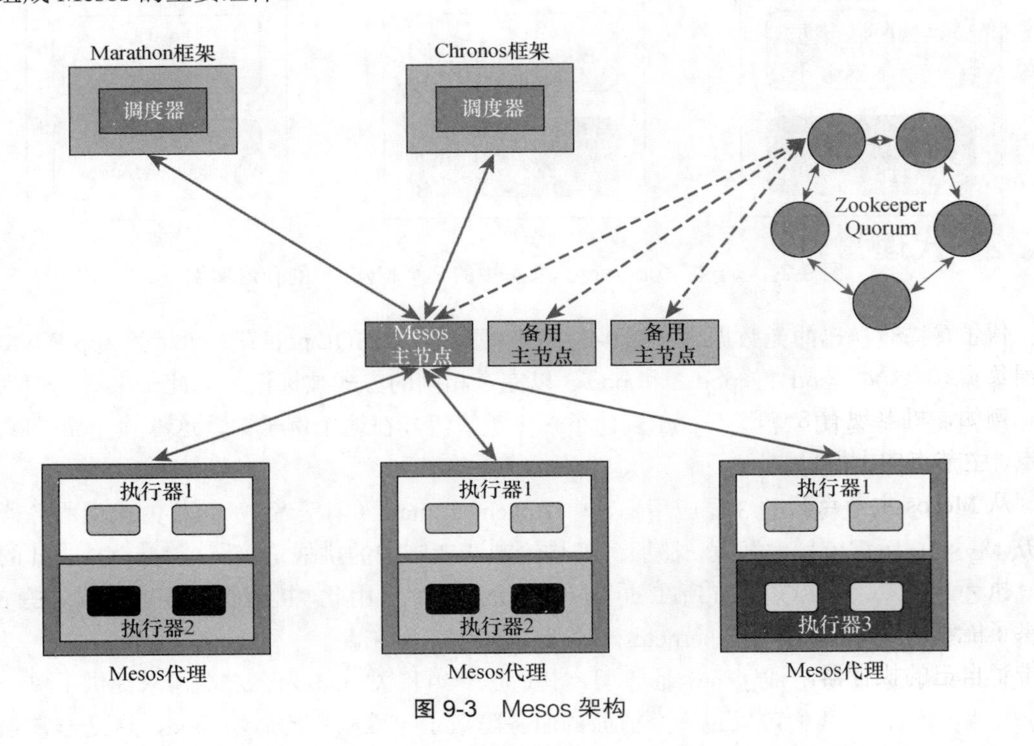

图 9-3　Mesos 架构

9.2.1 Mesos 主节点

Mesos 的主守护进程运行在主节点上。该守护进程负责管理运行在每个集群节点上的代理守护进程。也就是说，主守护进程也负责为使用 Mesos 集群中服务（CPU、内存、网络和磁盘资源之类的计算能力）的框架提供服务。Mesos 集群上可以运行任何数量的框架。框架这种实体会引入要在 Mesos 集群中运行的任务。框架想在集群中运行的任务通过主节点到达代理节点并在代理节点上执行。

Mesos 主节点的工作是能够将集群资源（如 CPU 和内存）共享给等待资源来运行任务的框架。它用 Mesos 世界里被称为报价（offer）的东西来实现共享集群资源。报价包含了可用于执行任务的内存数量和 CPU 周期数的详细信息。报价被发送给已注册的框架，而框架可以完全自由地接收或拒绝它们。

报价只不过是 Mesos 主节点让注册的框架了解集群内可用资源的一种方法。例如，一个报价可能包含诸如“12 GB 内存，8 核 CPU 周期可用”的详细信息。接收报价的框架仔细查看收到的报价和手头要执行的任务。如果使用收到的报价能够执行任务，那么框架就接受它，否则就拒绝它。

同一个 Mesos 集群的资源能够让任何数量的框架消费，这个事实带来了一些挑战，比如哪个框架要获得多少比例的集群资源。Mesos 通过可定义的策略让资源分配完全可配置，从而优雅地解决了资源分配的问题。这完全取决于集群管理员依据组织的优先级和/或（给定框架在 Mesos 集群中运行的）任务的重要性来定义为给定框架分配多少资源。

9.2.2 代理

代理是运行实际任务的工作节点，每个工作节点上运行了一个从守护进程。这个守护进程负责收集统计数据并将数据报告给 Mesos 主节点。

例如，机器现有 8 GB 内存和 4 核 CPU 周期可用。这个信息会从代理发送给 Mesos 主节点，主节点向上游已注册的框架转发报价。框架请求的任务实际运行在这些工作节点上。代理从 Mesos 主节点获取工作（要执行的任务）。一点接收到任务，它们就在执行器内启动任务。

执行器只是一个进程或容器，它能够执行 shell 命令、Docker 容器及其他进程。Mesos 提供了能够执行 shell 命令和 Docker 容器的简单执行器。然后，多数框架（如 Marathon）附带了自己的执行器，其提供了比 Mesos 默认执行器更多的功能。

9.2.3　框架

框架是集群资源的消费者。如我们之前所见，Mesos 自身只管理集群资源。是框架在集群中运行任务。框架拥有两个主要组件。一个是调度器，向 Mesos 主节点注册自己、负责查看进入的报价以及决定接受它还是拒绝它；另一个是执行器，在代理中实际运行任务。如果框架选择不提供自己的执行器，它们可以使用 Mesos 附带的默认执行器。

9.2.4　示例：Marathon 框架

假设我们想部署 3 个实例的目录微服务，下面是我们描述这个需求并将其传递给 Marathon 的方法：

```
{
  "id": "catalog-svc",
  "cpus": 0.5,
  "mem": 8.0,
  "instances": 3,
  "container": {
    "type": "DOCKER",
    "Docker": {
      "image": "helpdesk/catalog-svc",
      "network": "BRIDGE",
      "portMappings": [
      {"containerPort": 80, "hostPort": 80, "protocol": "tcp"}
      ]
    }
  }
}
```

注意，Docker 连网知识在这里派上了用场。根据这个 JSON，我们需要在集群中运行 3 个目录微服务实例。容器部分解释了我们需要的容器类型，这里是 Docker 容器，这个部分还解释了 Docker 容器要使用什么镜像以及要暴露什么端口。除了这些细节信息，这个文件还说明了每个容器实例需要多少内存和 CPU。

下面是我们将这个 JSON 文件提交给 Marathon 的方法，假设这个 JSON 文件被保存为 application.json：

```
curl -X POST http://hostip:port/v2/apps \
-d @application.JSON \
-H "Content-type: application/JSON"
```

当我们将这个文件传递给 Marathon 时，Marathon 等待来自 Mesos 主节点的报价（注意，Marathon 没有保存报价历史）。一旦收到满足需求的报价，它就将请求传递给 Mesos 以便代理中的执行器进程能够启动这些容器。记得我们指示 Marathon 启动 3 个目录微服务实例。无论何种原因，如果集群没有 3 个目录微服务实例，Marathon 会与 Mesos 合作启动额外的容器，确保集群中始终运行着 3 个实例。

可以很容易地向上或向下伸缩集群中运行的实例。这只不过是提交一个含有所需实例数量的新 JSON 文件而已。访问 Mesos 项目网站，了解安装和配置的细节。

9.3 Docker Swarm

Docker Swarm 是 Docker 自己的原生容器编排引擎。Swarm 只是一组开启了 swarm 模式的运行 Docker 容器的机器（Docker 引擎）。Swarm 通过指示集群节点运行容器来有效地管理集群。让我们看看主要概念。

9.3.1 节点

简单而言，节点就是一个 Docker 引擎，它是 Swarm 集群的一部分。集群有工作节点和 Swarm 管理节点。Swarm 管理节点是 Swarm 集群的大脑。它们的责任是通过指示工作节点运行容器来管理 Swarm 集群。

管理器并没有被部署为单个节点，相反，通常以奇数（如 3、5 和 7）数量部署多个节点，以避免单点故障。管理节点运行 raft 一致性算法“选举”单个领导者（leader）。万一领导者出了问题，其中一个追随者（follower）就会被选为新领导者，从而避免中断或任何类型的系统故障。

9.3.2 服务

服务只是需要在集群节点中运行的东西的定义。服务定义由如下事物组成：

- 在容器中运行的镜像；
- 要在容器中运行的任何命令；
- 运行容器的实例数量或副本。

9.3.3　任务

任务是 Swarm 中调度的基本单元，它包含 Docker 容器和要在容器中运行的命令。当 Swarm 管理器收到启动服务的请求时，服务仅指示要启动哪个容器以及需要在集群中运行的实例数量，然后管理节点会将任务（要运行的容器和容器内运行的命令）分配给工作节点并让工作节点启动这些容器。它还确保集群中启动期望的副本（实例）数量。

作为最终用户，我们只需说清我们的意图和应用的预期状态，确保实现和维护应用的预期状态是 Swarm 管理器的工作。

9.3.4　示例：Swarm 集群

让我们动手试一试，看一下如何创建一个简单的 Swarm 集群。好消息是，只要安装了 Docker，就无须为 Swarm 进行额外的软件设置。撰写本书时，Docker 的最新版本是 17.06，我们会使用它来探索 Swarm。

1. Swarm 集群搭建

这个例子中，我们搭建一个拥有两个节点（一个管理节点、一个工作节点）的 Swarm 集群。在我们想要作为 Swarm 管理器的节点上运行下面的命令来初始化 Swarm 集群：

```
docker swarm init --listen-addr 10.88.237.217:2377
```

在这个命令中，10.88.237.217 是执行命令的机器的 IP 地址，2377 是节点监听 Swarm 管理器流量的默认端口。

如在图 9-4 中所见，这个命令初始化了一个 Swarm 集群。

图 9-4　Swarm 集群初始化

这时，Swarm 集群还没有任何工作节点。我们只有 Swarm 管理器。让我们列出 Swarm 集群中的节点，快速查看有什么节点：

```
docker node ls
```

如在图 9-5 中所见，Swarm 主节点是集群中唯一的节点。

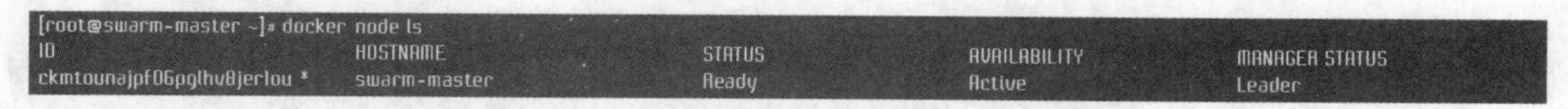

图 9-5 Swarm 主节点是集群中唯一的节点

要向这个 Swarm 集群添加一个工作节点，我们转到一个运行着 Docker 的节点并运行 `swarm join` 命令以加入 Swarm 集群：

```
docker swarm join --token <tokenID> 10.88.237.217:2377
```

正如所见，要让一个节点成为工作节点，必须做的只是提供主节点的 IP 和端口信息来运行 `swarm join` 命令，如图 9-6 所示。

```
[root@swarm-worker1]# docker swarm join \
>     --token SWMTKN-1-60v0219bqi48oeimlhbby39huseueu9redz94obklzzceazw43-6hlck485hgtifuw2u7lu3j2dy \
>     10.88.237.217:2377
This node joined a swarm as a worker.
```

图 9-6 提供主节点 IP 和端口信息的 `swarm join` 命令

现在让我们看看加入集群的节点：

```
docker node ls
```

现在应该看到 Swarm 集群中有一个管理节点和一个工作节点，如图 9-7 所示。

```
[root@swarm-master ~]# docker node ls
ID                            HOSTNAME                STATUS    AVAILABILITY    MANAGER STATUS
ckmtounajpf06pglhv8jerlou *   swarm-master            Ready     Active          Leader
p8c41ftcu9g0ugicxf7g5cnff     linux-dev.localdomain   Ready     Active
```

图 9-7 Swarm 集群中有一个管理节点和一个工作节点

2. 服务创建

要在 Swarm 中创建 Tomcat 服务并在集群中部署它，我们所要做的只是先确定容器中要使用的镜像，而后确定集群中需要运行的实例（副本）数量。

从图 9-8 中可以看到我们以没有运行容器的干净状态开始（由第一行的 `docker ps -a` 返回 0 个条目表明），接着我们通过传入 Docker 镜像（`tomcat:7.0`，它已经在仓库中）并要求 Swarm 管理器仅创建一个实例（由`--replica 1`表明）来创建服务。

一旦传入这些参数，我们就在集群中启动了 Tomcat 实例（紧接着服务创建命令的 `docker ps -a` 能够反映）。最后，运行 `docker service ls` 是列出我们刚刚启动的服务的一个快速方法，其表明名为 TomcatService 的服务已经启动并运行起来并且也符合预期的副本数量。

```
[root@swarm-master ~]# docker ps -a
CONTAINER ID        IMAGE               COMMAND             CREATED             STATUS              PORTS               NAMES
[root@swarm-master ~]#
[root@swarm-master ~]# docker images
REPOSITORY          TAG                 IMAGE ID            CREATED             SIZE
tomcat              7.0                 f8e399bdd39b        6 days ago          357MB
[root@swarm-master ~]#
[root@swarm-master ~]# docker service create --name TomcatService --replicas 1 tomcat:7.0
s7g73pnm2iko7njdmnlfnwp8o
Since --detach=false was not specified, tasks will be created in the background.
In a future release, --detach=false will become the default.
[root@swarm-master ~]#
[root@swarm-master ~]#
[root@swarm-master ~]# docker ps -a
CONTAINER ID        IMAGE               COMMAND             CREATED             STATUS              PORTS               NAMES
1525a4bd2b17        tomcat:7.0          "catalina.sh run"   5 seconds ago Up    3 seconds           8080/tcp            TomcatService.1.tlwr
pk878feb53r7wsh2lkbvw
[root@swarm-master ~]#
[root@swarm-master ~]# docker service ls
ID                  NAME                MODE                REPLICAS            IMAGE               PORTS
s7g73pnm2iko        TomcatService       replicated          1/1                 tomcat:7.0
```

图 9-8 以干净的状态开始

3. 向上伸缩和向下伸缩

通过要求 Swarm 管理器增加 Tomcat 副本数量来向上伸缩：

```
docker service scale service TomcatService=2
```

这会花一点时间在集群中启动额外的容器，如图 9-9 所示。

```
[root@swarm-master ~]# docker service scale TomcatService=2
TomcatService scaled to 2
[root@swarm-master ~]#
[root@swarm-master ~]# docker service ls
ID                  NAME                MODE                REPLICAS            IMAGE               PORTS
s7g73pnm2iko        TomcatService       replicated          1/2                 tomcat:7.0
[root@swarm-master ~]#
[root@swarm-master ~]#
[root@swarm-master ~]#
[root@swarm-master ~]# docker service ls
ID                  NAME                MODE                REPLICAS            IMAGE               PORTS
s7g73pnm2iko        TomcatService       replicated          2/2                 tomcat:7.0
```

图 9-9 通过要求 Swarm 管理器增加 Tomcat 副本数量来向上伸缩

向下伸缩只需简单地运行下面的命令：

```
docker service scale TomcatService=1
```

访问在线项目主页，了解更多详细的和最新的配置项。

9.4 服务发现

虽然我们已经谈论了很多服务发现的内容，但让我们退一步来理解它是什么以及它为什么至关重要。简而言之，服务发现是为了定位特定服务正在运行的位置，例如，“X 服务在哪里？”X 可能是数据库服务器、缓存服务器或者任何其他应用服务器。

在过去美好的日子里，我们用物理机部署应用，机器上运行的服务通常被适当地加以命名来表示其上运行的业务服务。例如，一个运行在物理机上的 Helpdesk 应用的数据库服务器可能被命名为“helpdesk-db.domain.com”。现在，当客户端（如 Tomcat 这样的应用服务器）想使用数据库时，通常会使用数据库服务器上的属性文件或配置文件来配置它。

然而，当快速动态启动机器的需求日益普遍时，虚拟机（VM）应运而生。使用虚拟机，曾经用物理机难以完成的事情（如动态添加节点来处理额外负载）变得简单易行。由此，云技术流行起来。现在，当我们用多个服务器提供单个服务时（如数据库集群），客户端如何知道与哪个服务器通信？它们使用 NGINX 或 HAProxy 这样的负载均衡器并用给定服务的节点配置负载均衡器。

例如，假设我们有一个负载均衡器，对其进行配置来平衡两个 Tomcat 服务器之间的负载。随着流量的增加，也许会启动一个新 Tomcat 虚拟机；使用脚本或自动化，负载均衡器会被更新以反映这个新添加的 Tomcat 虚拟机。随着新配置就绪，负载均衡器知道代表 Tomcat 服务的额外服务器已经就位了，它可以将流量导向那个实例。客户端应用无须了解 Tomcat 服务已经添加了一个新虚拟机，也无须关心虚拟机在哪运行、IP 地址等此类细节。客户端应用持续与负载均衡器通信，其依次抽象了 Tomcat 服务中的变化（例如，添加或删除节点）。

现在，我们生活在容器和微服务的时代。使用容器，发现给定服务位置的问题将比其他情况更复杂。容器可以非常快速地启动和销毁，它们的位置是不固定的，这使客户端很难知道给定服务在集群中的位置。好消息是，服务发现领域有不少工具，我们能够根据自己的需求对其加以利用。

在了解可用于服务发现的诸多工具之前，让我们了解一些服务发现模式。服务发现至少有两种方法，这依赖于它出现在哪里。

- **客户端服务发现**。服务注册中心是一个工具或数据库，其包含了所有服务列表、这些服务所处位置的详情（IP 地址、端口）等，如图 9-10 所示。当实际服务启动时，这些服务的位置就被注册到注册中心。类似地，当这些服务终止时，注册中心中的条目就被移除。除了服务启动或停止，必须有某种心跳检测机制来确保已注册的服务运行良好。

  这种方式的主要缺陷是客户端不得不知道服务注册中心，这就将客户端应用与服务通信前发现服务的责任推给了客户端应用。

- **服务器端服务发现**。在服务器端服务发现的情况下，客户端可以直接向 API 网关或负载均衡器发送请求而无须关心连接正确的服务。负载均衡器担负管理服务注册中心、查询注册中心以获取服务地址从而处理进入的请求及跨多个服务实例执行负载均衡操作等重任，如图 9-11 所示。这个模式的典型例子是流行的 Amazon 的 ELB（elastic load balancer）。

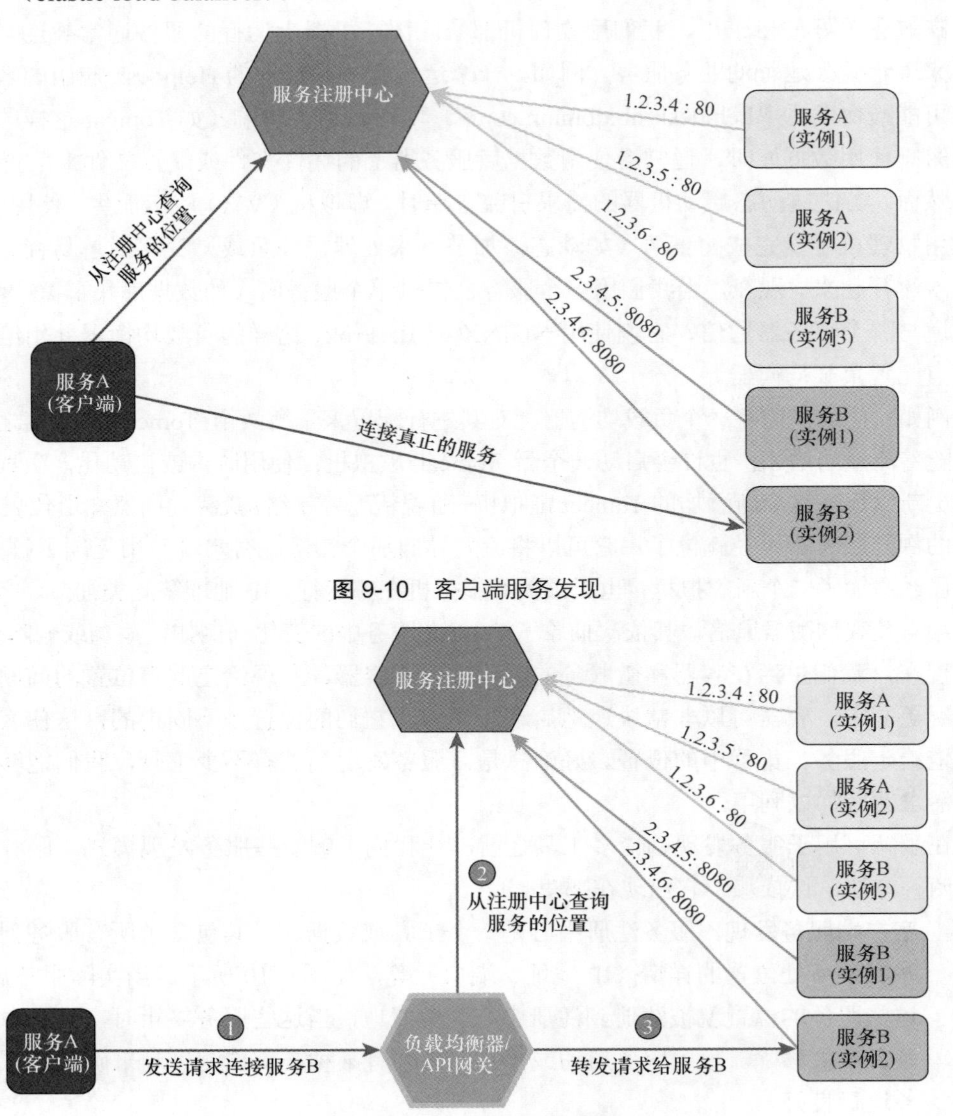

图 9-10　客户端服务发现

图 9-11　服务器端服务发现

假设我们用 AWS（Amazon Web Services）为应用层（Tomcat）搭建了一个 4 个 EC2（Amazon Elastic Compute Cloud）节点的集群。为了在这 4 个 Tomcat 的 EC2 实例之前切分流量，通过提供实例名、服务运行的端口、用来确保服务健康的机制（ELB 应该用于心跳/健康检查）以及心跳检查的频率等细节，我们不得不将这些实例添加/注册到一个 ELB 中。一旦完成 ELB 的配置，ELB 负责处理进入的请求并将请求路由到合适的 Tomcat 实例。

微服务和服务发现紧密相连。实际上，服务发现有很多开源工具，包括 Consul（HashiCorp）、Zookeeper（Apache）、etcd、SmartStack（AirBnB）、Eureka（Netflix）和 SkyDNS。这些工具的功能有很多相同之处。这些工具的差别主要在于占用量（轻与重）和支持查询服务的协议（DNS、HTTP/TCP 等）。

9.5 服务注册中心

服务注册中心类似于一个黄页，其记录了环境中运行的微服务，它有给定微服务在集群中运行位置的详细信息（如主机和端口）。如我们所知，微服务可能增加（启动新实例来扩展）或遇到故障时减少并最终在其他节点上重启，这意味着它们的位置是不固定的，可能会变化。至少有两种不同的方式可以将给定微服务的位置传给服务注册中心。

- **自助注册**。这个过程是给定微服务自己将其位置信息发送给服务注册，如图 9-12 所示。例如，Consul 是一个流行的服务注册中心，它暴露了与其进行交互的 API。使用自助注册，每个微服务要与 Consul 的 API 交互来发送它们的位置。根据微服务模式和最佳实践，每个微服务聚集于单一关注点——一小块功能。然而，强制微服务将自己的位置信息发送给服务注册中心违反了单一关注点职责模式（single-concern-responsibility）。出于这个原因，自助注册不是一个广泛使用的选项。

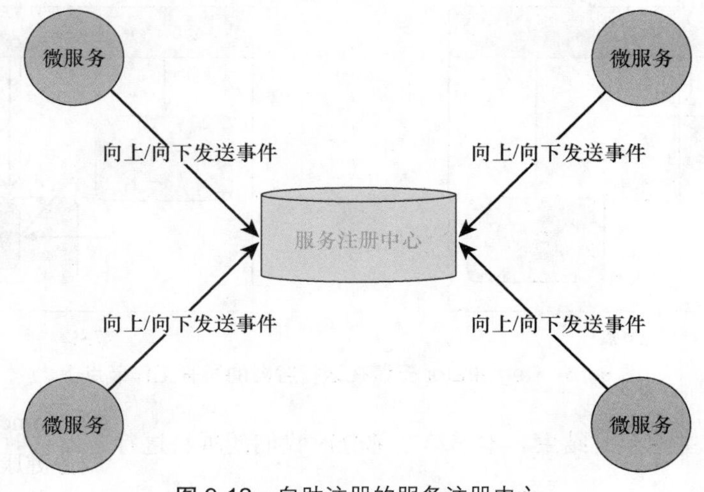

图 9-12 自助注册的服务注册中心

- **外部工具或第三方注册**。利用外部工具进行服务注册是最佳选择，原因很简单：微服务能够关注自己的核心职责而无须关心发送自己的位置给服务注册中心。这是清晰的关注点分离。日后，如果想改变服务注册中心发现和存储微服务的方式，就可以在不接触微服务代码的情况下完成。

让我们看一下第三方注册中心在之前讨论的 Consul 示例中是如何运作的。Registrator 是一个开源组件，它充当了服务注册中心和 Docker 容器之间的桥梁，它通过关注 Docker 容器的出现和消失来自动注册和注销服务。

随着 Docker 容器的出现或消失，它会发出事件（通知），任何第三方工具能够订阅这些事件来采取适当的行动。Registrator 只是监视这些 Docker 事件并检查（就像 `docker inspect`）这些容器来了解它们提供了什么服务，然后它与服务注册中心工具（如 Consul、etcd、SkyDNS2）通信并发送所发现的服务的信息。

在图 9-13 中可以看到，Registrator 是一个安装在运行容器的所有工作节点上的组件。它配置了一个服务注册中心（这个地方存放了集群中运行的服务的实际信息），它将发现的服务的信息发送给这个服务注册中心。当容器在给定节点上出现或消失时，Docker 发出事件，每个节点中的 Registrator 组件接收这些事件并检查容器来获取服务的其他信息。

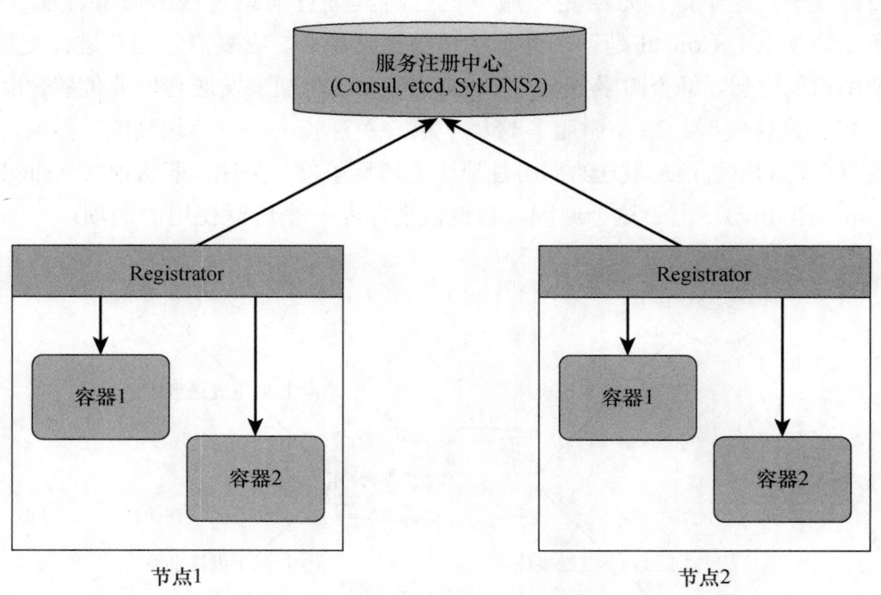

图 9-13　Registrator 安装在运行容器的所有工作节点上

部署和发现主题至此结束。本书第三部分对我们的项目进行容器化时会大量使用这里所学的知识。

第 10 章

容器管理

我们现在了解了容器编排、伸缩和连网，让我们看看当事情出错时会发生什么。生产环境中可能有成百上千个容器在运行，需要了解如何有效地管理它们。为了达到这个目标，让我们通过进入容器监控和管理的细节来结束深入研究容器的旅程，这包括获取日志、收集资源指标，以及使用一些集群范围的监控系统。我们首先来了解容器监控的总体方面以及它为什么不同于市场上已经存在的东西。

10.1 监控

监控一个使用容器的环境并不困难，但速度、数量和环境会让监控变得困难。传统上，用于监控和管理物理主机、网络和虚拟机的监控工具市场已经成熟。容器是新的，市场仍处于解决监控问题的过程中。容器监控的困难是由于以下这些方面和挑战。

- **部署环境**。组织也许要在自己数据中心的物理基础设施上直接运行一些容器，并在像 AWS 托管服务合作伙伴这样的服务供应商的虚拟机上运行一些容器，这增加了更多管理的复杂性。
- **容器伸缩性**。整个应用可以运行在一台物理机或几台虚拟机上。对于容器，最佳实践规定一个容器一个服务，因此一个应用可能包含成百上千个服务，这意味着成百上千的容器。在微服务架构中，应用伸缩要根据不断变化的需求自动收缩和自动扩张容器的数量。

- **变化速度**。与物理主机或虚拟机不同，容器的预期寿命可能从几秒到几天不等。任务完成后，容器就可以消失。
- **使用的各种工具**。尽管容器提供了速度和效率，但它们却将简单性抛诸脑后。容器的部署、管理和发现涉及大量工具。例如，可能使用几种容器编排工具（如 Docker Swarm、Kubernetes 或 Mesos）之一。可以指定连网配置、要运行的容器实例数等。然后，编排工具根据主机的可用资源来控制容器的创建、删除和管理。每次创建一个新容器，它会获得一个新 IP 地址。随着所有这些进行，建立全面的监控和指标收集变得无比困难。
- **分布式数据**。数据必须从各种工具收集上来并合并到一个中心位置以理解它并寻找潜在的问题。Docker 提供了一些功能来获取这些数据和统计，从而主动监控容器和整个系统。

有许多特定于供应商的选项，每个选项都有其自己的好处。Docker 最近与一些公司启动了生态系统技术合作伙伴（Ecosystem Technology Partner，ETP）计划，这些公司已经通过 API 将其监控工具与 Docker 进行了集成。

让我们从可用的日志记录和容器指标收集开始讨论。可以拉取这些数据到现存的监控工具或构建一些仪表盘页面。

10.2　日志记录

在一个用运行服务的多个副本来支持多集群上多应用的生产环境中，可能有非常多个容器在运行，当它们出错时，日志记录对于故障排除变得非常重要。例如，对于微服务，我们说过将成百上千的微服务作为典型大规模应用的一部分。Docker 容器也适合运行如此多数量的微服务，因为它们提供了我们之前讨论的诸多优点。但问题是，当每个容器都将来自 `stdout` 和 `stderr` 的所有内容吐到日志文件中时，我们该如何管理日志记录？我们要如何让所有这些日志文件保持同步并将其置于一个让故障排查简单高效的地方。

再一次，Docker 提供了简化工作的驱动，每个驱动帮助我们从容器和运行的服务中获取日志信息。它们的区别在于提供信息及格式化信息的方式以及它们将信息转发给不同日志处理器的方式。示例驱动包括 JSON、Syslog、Splunk、Amazon CloudWatch Logs 等。我们会详细讨论这些选项，但如果想了解更多细节，可以参考 Docker 在线文档。

撰写本书时，如下日志记录驱动是受支持的。

- **json-file**。Docker 守护进程的默认日志驱动。每个容器会使用 json-file，除非专门配置容器或守护进程使用不同的驱动。输出日志文件采用易于理解的 JSON 格式。
- **none**。关闭日志记录。
- **syslog**。将日志消息发送给本地或远程安装的 syslog 服务器。如之前讨论的，可以修改宿主机上的 daemon.json 文件来将日志驱动设置为 syslog 并在选项部分指定选项。还可以在容器级别完成这些操作。syslog 将所有消息发送到相同位置，这有助于问题排查，但其不足以应对数以百计的容器，如微服务的情况下。
- **awslogs。**将日志消息发送给 Amazon CloudWatch Logs。在这种情况下，将日志驱动设置为 awslogs 并指定所需的选项。
- **Splunk。**使用 HTTP 事件收集器将日志消息发送给 Splunk。这种情况下，将日志驱动设置为 Splunk。splunk-token 和 splunk-url 是必选项，要么在文件中指定，要么在运行容器时指定。
- **journald。**将日志消息发送给系统日志。这种情况下，将日志驱动设置为 journald。可以使用 journalctl 或 Docker log 命令检索日志条目。
- **gcplogs。**将日志消息发送给 Google Cloud Platform logging，可以在那里检索和分析这些消息。这种情况下，将日志驱动设置为 gcplogs。还可以设置几个选项来在消息中包含更多细节。
- **GELF。**将消息发送给 Graylog Extended Log Format（GELF）端点，如 Logstash 服务器。在这种情况下，将日志驱动设置为 gelf，同时一并设置其他各种选项。GELF 被广泛用作 ELK（Elasticsearch、Logstash 和 Kibana）的一部分。

如之前所说，json-file 是默认驱动。可以运行如下命令进行检查：

```
docker info | grep 'Logging Driver'
```

应该会看到结果 `Logging Driver: json-file`。

让我们运行一个 Ubuntu 容器并检查默认日志记录：

```
docker run -it ubuntu:latest sh
```

打开另一个终端，查找容器 ID，然后复制它：

```
docker ps
```

现在，运行下面的命令来查找 Ubuntu 容器的日志记录驱动：

```
docker inspect -f '{{.HostConfig.LogConfig.Type}}' ec5e917eb9b0
```

应该会看到图 10-1 所示的结果。

```
[root@linux-dev pkocher]# docker inspect -f '{{.HostConfig.LogConfig.Type}}' ec5
e917eb9b0
json-file
```

图 10-1　使用 docker inspect 查找 Ubuntu 容器的日志记录驱动

可以在守护进程级别或容器级别改变默认的日志记录驱动。对于守护进程级别，可以修改 daemon.json 文件中 `log-driver` 的值，该文件位于 Linux 主机的/etc/Docker 目录中。

```
"log-driver":
"log-opts":{ options like syslog server info, etc. }
```

对于容器级别，可以在 `run` 命名中指定日志记录驱动，我们将在下一个例子中看到。

当然，另一个选项是完全关闭日志记录。让我们使用 `none` 选项重启 Ubuntu 容器并再次运行 `logs` 命令。

```
docker run -it --log-driver none ubuntu:latest sh
```

让我们在 `sh` 提示符下运行几个命令来生成一些日志数据，如图 10-2 所示。

```
# ps
  PID TTY          TIME CMD
    1 ?        00:00:00 sh
    8 ?        00:00:00 ps
# ls
bin  boot  dev  etc  home  lib  lib64  media  mnt  opt  proc  root  run  sbin  srv  sys  tmp  usr  var
# █
```

图 10-2　生成日志数据

现在检查日志：

```
docker ps // 复制容器 ID
docker logs 73c1b74d6091
```

可以看到没有日志记录，因为已经关闭了这个容器的日志记录。后续容器没有影响，因为我们改变的是容器级别的设置。

谨记我们所讨论的容器日志选项没有考虑那些不通过 `stderr` 和 `stdout` 流传递的应用或服务消息。再有，这些驱动中的一些驱动依赖宿主机上运行的服务，稍微有点儿危险。

另一件要记住的事情是，随着应用中容器数量的增长，将需要一个非常复杂的集中式日志记录系统，它包含从 CPU 和内存这样的系统数据到“最后一公里”的应用性能数据在内的所有信息。因此，当创建应用时，需要将标记和追踪作为代码的一部分。集中式日志记录系统应该包含诸如过滤、索引、分类、排序和检索功能来让应用和容器的故障排查更快、更容易。

10.3 指标收集

在本节中，我们将讨论指标收集机制，它使用 Docker 和一些开源工具提供的基础实用程序，考虑到部署的复杂性，可以使用这些开源工具解决监控问题。我们从 docker stats 开始。

10.3.1 docker stats

docker stats 命令提供了在给定时间宿主机系统上运行的容器的实时性能数据：

```
docker stats [Options] [Containers]
```

我们可以提供感兴趣的容器 ID 来查看特定容器或者使用-a 选项查看所有容器。如果没有指定选项，Docker 会呈现所有运行的容器。

让我们执行下面这个命令：

```
docker stats
```

图 10-3 展示了 docker status 命令的结果，它返回了资源使用统计信息。

CONTAINER	CPU%	MEM USAGE / LIMIT	MEM%	NET I/O	BLOCK I/O	PIDS
b4831186f0d4	0.00%	1.98 MiB / 47.08 GiB	0.00%	0 B / 0 B	2.12 MB / 0 B	1

图 10-3 执行 docker stats 命令的结果

按 Ctrl+C 组合键退出。可以通过使用--format 选项提供想要的格式来定制输出。例如：

```
docker stats --format "table {{.Name }} \t {{.ID }} \t {{.CPUPerc}} \t {{.MemUsage}}"
```

可以用--format 选项包含下面的指标。

- .Name 返回容器名。
- .ID 返回容器 ID。
- .CPUPerc 返回 CPU 利用率。
- .MemUsage 返回内存使用情况。
- .NetIO 返回网络 I/O 使用情况。
- .BlockIO 返回块 I/O 使用情况。
- .MemPerc 返回内存使用率。
- .PIDs 返回 PID 的数量。

如在图 10-4 中所见，使用`--format`选项为按主机查看性能数据提供了很好的方法。

```
NAME               CONTAINER ID                                                       CPU %      MEM USAGE / LIMIT
nervous_bhaskara   b4831186f0d47a248caabf44a4b7cf469bf0d6e6c7c7f975b0b931954611   0.00%      1.98 MiB / 47.08 GiB
```

图 10-4　使用`--format`选项按主机查看性能数据

10.3.2　API

`docker stats`命令是获取实时数据流的好办法。好消息是有 REST API 可供使用，能够利用这些 API 构建自己的跨集群性能仪表盘。这些 API 提供了类似实时流的数据，但比`docker stats`更详细。

```
GET /containers/(ID/Name)/stats
```

获取运行容器的统计数据的 API 端点：

```
curl --unix-socket /var/run/docker.sock -X GET 'http:/v1.24/containers/<container
ID>/stats'
```

如同`docker stats`命令所做的那样，API 开始每秒一次的数据流。使用者可以自己决定以不影响性能的方式对其进行编程。例如，想要以某个指定的频率进行快照。希望是，这个限制会通过在 API 中引入某种流标志来很快解决。

正如在之前章节我们已经了解的，有效监控容器的最佳实践之一是以有意义的方式标记容器。可在构建镜像时定义标签。如此一来，可以处理标签，而不是在特定的主机或容器级别上工作。

要了解有关 REST API 的更多信息，可以参考 Docker 官方网站。

10.3.3　cAdvisor

cAdvisor 也称 Container Advisor（容器顾问），是谷歌公司开发的一个监控解决方案。它通过图形用户界面提供有关容器使用和性能指标的细节数据。它本身作为容器提供，可以部署在宿主机上。cAdvisor 收集宿主机上运行的所有容器的数据，然后聚合并处理这些数据以供使用。它还通过用户能够使用的 API 暴露这些数据。

有一个 Docker 镜像包含了开始所需的所有内容，开发人员可以在自己的机器上用 Docker 快速尝试 cAdvisor。可以运行单个 cAdvisor 监控整个机器，只需运行以下命令：

```
sudo docker run \
--volume=/:/rootfs:ro \
```

```
--volume=/var/run:/var/run:rw \
--volume=/sys:/sys:ro \
--volume=/var/lib/docker/:/var/lib/docker:ro \
--publish=8080:8080 \
--detach=true \
--name=cadvisor \
google/cadvisor:latest
```

cAdvisor 在后台运行。可以访问 http://localhost:8080 来查看 GUI，这将打开内置的 Web UI。

我们讨论的最后两种收集指标的方法是不错的解决方案，但它们都以主机为中心。它们确实提供了能够用来中心化监控系统的 API，但很多现成系统提供了集群范围的指标和监控。我们接下来讨论几个系统。这是一个变化极快的领域，因此这里的想法是提供关键概念。应该持续在线搜索这些解决方案各自的项目主页以了解最新信息。

10.4　集群范围的监控工具

让我们查看一些可用的开源集群范围的监控工具。

10.4.1　Heapster

Heapster 是谷歌公司为解决集群范围监控所开发的另一个开源解决方案。它大量使用 cAdvisor 来实现其目标，如果开发者正使用 Kubernetes 作为编排引擎，那它就非常合适。然而，在本书出版时，Heapster 仅支持 Kubernetes 和 CoreOS。

在 Kubernetes 中，cAdvisor 被集成到 Kubelet 的二进制文件中。正如我们所讨论的，cAdvisor 自动发现宿主机内的所有容器并收集使用、性能和网络使用的统计数据。Kubelet 从 cAdvisor 获得所有这些统计数据并通过 REST API 将聚合的资源使用统计暴露给 Heapster，Heapster 处理并组织该数据，而后推送给配置的后端进行可视化。当前支持的后端包括 InfluxDB 和用于可视化的 Grafana。

通过 Kubernetes 官方网站及其 GitHub，可以了解更多信息。

10.4.2　Prometheus

Prometheus 是开源的集群监控和报警解决方案，它与其他解决方案的少许不同之处在于它建立在基于拉取的模型上。在这种模型中，监控代理以预定义的频率拉取目标来对数据进行收集、存储和报警。应用必须暴露其数据而不是将数据发送出去。它还提供了名为PromQL的灵活的查询语言。在了解Prometheus与Docker如何协作之前，我们先看看它的主要组件。

- **Prometheus 服务器**。这个组件拉取/收集并存储所收集的数据和运行规则来记录新的时间序列，还可以配置它来生成Alertmanager可以获取的诊断报警。
- **Web UI**。Prometheus使用Grafana作为图形前端界面来构建高度可视化和交互式的仪表盘。
- **推送网关**。这个中间服务让人能够推送短期服务的指标，这些短期服务无法进行数据拉取。而后Prometheus服务器能够拉取这些指标。使用推送网关时要小心，因为它们可能成为特定源的单点故障。
- **Exporter**。它是用来从某些系统导出指标的专用插件或库，在这些系统中，用Prometheus指标无法测量它们。下面是一些例子。
    - ♦ HAProxy是一个简单的服务器，它定期收集HAProxy状态并通过HTTP/JSON导出它们供Prometheus使用。
    - ♦ Memcached exporter从mem-cached服务器导出数据供Prometheus使用。使用者可以为第三方应用创建自定义的exporter。已经有很多exporter可供使用。
- **Alertmanager**。Prometheus服务器和其他应用发送的报警可以由Alertmanager按配置的方式进行处理。处理包含去重、分组以及路由到配置的媒介（如电子邮件、传呼机）。

有了所有这些组件及其功能，通过一个示例来理解如何使用Prometheus监控Docker容器就比较容易了。在这个示例中，我们设置下面的内容：

- 运行之前提到的Prometheus及其组件；
- 添加一个node exporter容器，能够使用它从容器和cAdvisor容器中导出指标；
- 将node exporter、cAdvisor和Prometheus容器设置为Prometheus监控的目标（在这个例子中，Prometheus将监控自己）；
- 搭建并配置Grafana；
- 查看状态；
- 集成Alertmanager来配置报警。

1. 运行 Prometheus

第一步是启动Prometheus服务器。我们将这个服务器作为Docker容器来运行。为了收集Docker指标，将这个容器配置为Prometheus目标，以便它也能监控自己。

让我们从Docker compose文件docker-compose.yml开始，其将Prometheus作为容器来运行：

```
version: '2'

networks:
  pk_network:
    driver: bridge

volumes:
  prometheus_data: {}

services:
  prometheus:
    image: prom/prometheus
    container_name: pk_prometheus
    volumes:
      - ./prometheus/:/etc/prometheus/
      - prometheus_data:/prometheus
    command:
      - '-config.file=/etc/prometheus/prometheus.yml'
      - '-storage.local.path=/prometheus'
      - '-storage.local.memory-chunks=100000'
    restart: unless-stopped
    expose:
      - 9090
    ports:
      - 9090:9090
    networks:
      - pk_network
    labels:
      org.label-schema.group: "monitoring for PK containers"
```

正如所见，我们拉取 Prometheus 的镜像并以 pk_prometheus 运行它。我们还创建了一个基于网桥的网络 pk_network，并将容器添加到这个网络中。接下来，我们映射了定义抓取信息的配置文件 prometheus.yml 并映射、暴露了端口。

下面是 prometheus.yml 看起来的样子：

```
global:
  scrape_interval: 20s
  evaluation_interval: 20s

  #Attach the below label for graph view
  external_labels:
    monitor: 'Docker-pk-monitor'

# End points for scrape
scrape_configs:
```

```
- job_name: 'pk_prometheus'
  scrape_interval: 25s
  static_configs:
    - targets: ['localhost:9090']
```

这是自解释的。我们设置抓取和评估的间隔。抓取间隔定义了搜刮目标的频率，而评估间隔定义了规则评估的频率。注意，我们将要启动的 Prometheus 容器添加为目标以便它会监控自己。

现在，让我们通过运行 `docker-compose` 来启动 Prometheus，如图 10-5 所示。

```
docker-compose up -d
```

```
[ANUJSIN-M-T2H9: dockprom anujsin$
ANUJSIN-M-T2H9: dockprom anujsin$ docker-compose up -d
WARNING: The Docker Engine you're using is running in swarm mode.

Compose dose not use swarm mode to deploy services to multiple nodes in a swarm.

to deploy your application across the swarm, use `docker stack deploy`.

Pulling prometheus (prom/prometheus:lastest)...
lastest:pulling from prom/prometheus
4b0bc1c4050b : pull complete
a3ed95caeb02: pull complete
d6ab6c75ce17 : pull complete
96eeb64debe6: pull complete
1e7ee99aa461 : pull complete
8d3b35efed41 : pull complete
be179630d433 : pull complete
63e70970c133 : pull complete
83449160ff0d : pull complete
Digest: sha256:4f6d3a525f030e598016be765283c6455c3c830997a5c916b27a5d727be718e1
Status: Downloaded newer image for prom/prometheus: latest
Creating prometheus ...
Creating prometheus ... done
ANUJSIN-M-T2H9:dockprom anujsin$ ▮
```

图 10-5　创建 Prometheus 容器

为了确认 Prometheus 已经启动并运行，让我们运行 `docker ps`，如图 10-6 所示。

```
ANUJSIN-M-T2H9:dockprom anujsin$ docker ps
CONTAINER ID        IMAGE               COMMAND                  CREATED             STATUS
 PORTS                    NAMES
48d1efc55881        prom/prometheus     "/bin/promethus -..."    54 seconds ago      up 53 seconds
 0.0.0.0:9090->9090/tcp   promethus
ANUJSIN-M-T2H9:dockprom anujsin$ ▮
```

图 10-6　Prometheus 已经启动并运行

到目前为止一切良好。要看到 Prometheus 的 UI，访问 http://localhost:9090/。图 10-7 展示了应该看到的内容。

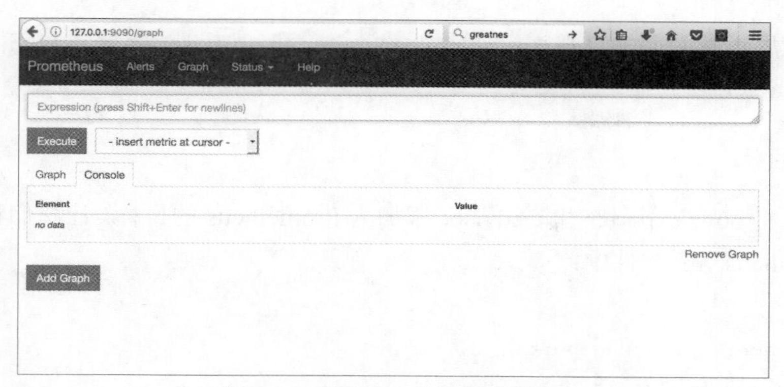

图 10-7 Prometheus 用户界面

2. 添加 node exporter 和 cAdvisor

让我们开始在同一个 compose 文件中添加其他组件，而后添加目标。首先，我们将 node exporter 和 cAdvisor 添加到现有 Docker compose 文件中，以便它们也可以作为容器运行。注意，我们将它们作为示例占位符进行创建，以从应用容器收集指标。我们将在接下来的一步将这些容器作为目标。

```
nodeexporter:
  image: prom/node-exporter
  container_name: pk_nodeexporter
  restart: unless-stopped
  expose:
    - 9100
  networks:
    - pk_network
  labels:
    org.label-schema.group: "monitoring for PK containers"

cadvisor:
  image: google/cadvisor:v0.26.1
  container_name: pk_cadvisor
  volumes:
    - /:/rootfs:ro
    - /var/run:/var/run:rw
    - /sys:/sys:ro
    - /var/lib/docker/:/var/lib/docker:ro
  restart: unless-stopped
  expose:
    - 8080
  networks:
    - pk_network
  labels:
    org.label-schema.group: "monitoring for PK containers"
```

我们在这里所做的非常直观。启动 node exporter 和 cAdvisor 容器，并在同一网络上暴露端口。

3. 添加目标

下一步是将 node exporter 和 cAdvisor 添加为 Prometheus 的目标。让我们将它们添加到现有的 prometheus.yml 文件中：

```
scrape_configs:
  - job_name: 'pk_nodeexporter'
    scrape_interval: 15s
    static_configs:
      - targets: ['nodeexporter:9100']

  - job_name: 'pk_cadvisor'
    scrape_interval: 20s
    static_configs:
      - targets: ['cadvisor:8080']
```

让我们再次运行这个 compose 文件，并确保新容器已经启动：

```
docker-compose up -d
```

如在图 10-8 中所见，到目前为止一切顺利。

```
Status: Downloaded newer image for google/cadvisor:v0.26.1
Creating prometheus ...
Creating cadvisor ...
Creating nodeexporter ...
Creating prometheus
Creating nodeexporter
Creating cadvisor ... done
```

图 10-8 运行 docker compose

4. 启动用户界面：Grafana

要搭建 Grafana 来查看指标，我们要回到 Docker compose 文件并更新它，使其包含 Grafana：

```
...
volumes:
  prometheus_data: {}
  grafana_data: {}

...
grafana:
  image: grafana/grafana
  container_name: grafana
  volumes:
```

```
    - grafana_data:/var/lib/grafana
  env_file:
    - user.config
  restart: unless-stopped
  expose:
    - 3000
  ports:
    - 3000:3000
  networks:
    - pk_network
  labels:
    org.label-schema.group: "monitoring for PK containers"
```

接下来，让我们在 Docker compose 文件所在的相同位置添加一个用户配置文件来为 Grafana 创建一个管理员用户，将这个文件命名为 user.config，正如之前 `env_file` 所设置的那样：

```
GF_ SECURITY_ADMIN_USER=admin

GF_ SECURITY_ADMIN_PASSWORD=admin

GF_ USERS_ALLOW_SIGN_UP=false
```

现在，运行 Grafana 并测试：

```
docker-compose up -d
```

```
Creating  pk_prometheus ...
Creating  pk_nodeexporter ...
Creating  pk_alertmanager ...
Creating  pk_cadvisor ...
Creating  pk_grafana ...
Creating  pk_nodeexporter
Creating  pk_prometheus
Creating  pk_alertmanager
Creating  pk_cadvisor
Creating  pk_prometheus ... done
```

图 10-9 容器已启动

如在图 10-9 中所见，所有容器都已启动。

要检查 Docker 容器的状态，使用 `docker ps` 命令，如图 10-10 所示。

```
ANUJSIN-M-T2H9:dockprom anujsin$ docker ps
CONTAINER ID        IMAGE                          COMMAND                  CREATED              STATUS
    PORTS                    NAMES
1c98a5683541        grafana/grafana                "/run.sh"                About a minute ago   Up 58 seconds
    0.0.0.0:3000->3000/tcp   pk_grafana
b6935f85ce88        google/cadvisor:v0.26.1        "/usr/bin/cadvisor..."   About a minute ago   Up 58 seconds
    8080/tcp                 pk_cadvisor
2e6535fda4ef        prom/alertmanager              "/bin/alertmanager..."   About a minute ago   Up 58 seconds
    0.0.0.0:9093->9093/tcp   pk_alertmanager
dba0e0aa1ce5        prom/prometheus                "/bin/prometheus -..."   About a minute ago   Up 57 seconds
    0.0.0.0:9000->9090/tcp   pk_prometheus
99703482e361        prom/node-exporter             "/bin/node_exporter"     About a minute ago   Up 58 seconds
    9100/tcp                 pk_nodeexporter
ANUJSIN-M-T2H9:dockprom anujsin$ ▮
```

图 10-10 使用 `docker ps` 命令检查状态

下面检验一下我们的应用。访问 http://localhost:9090/查看 Prometheus，如图 10-11 所示。访问 http://localhost:3000/查看 Grafana，如图 10-12 所示。

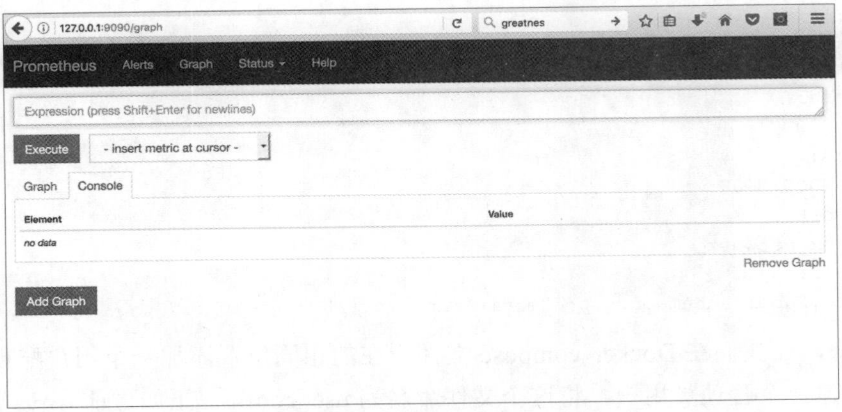

图 10-11　检验 Prometheus

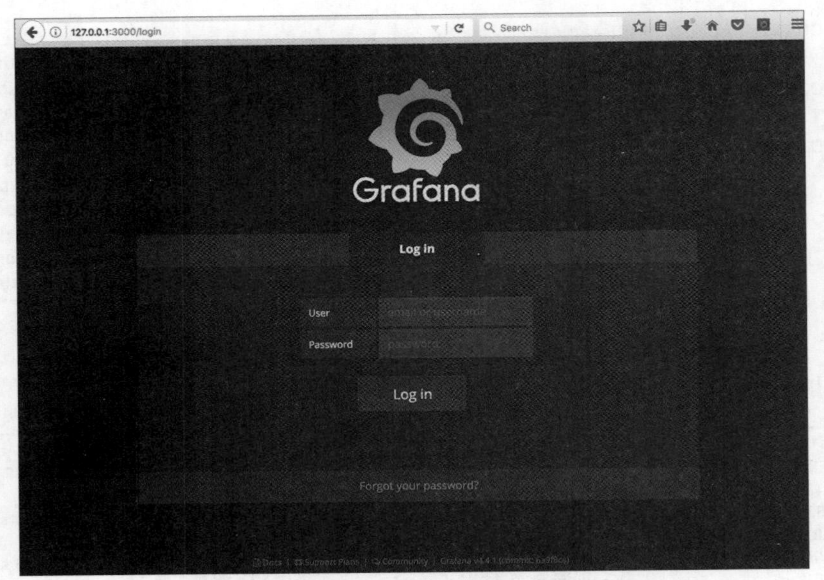

图 10-12　检验 Grafana

正如所见，应用已经启动并运行。

配置 Grafana

我们需要配置 Grafana 来可视化数据。首先，使用 Grafana 配置文件中的用户名和密码登录，将用户名和密码指定为 admin/admin。

然后为 Grafana 添加数据源，如图 10-13 所示。

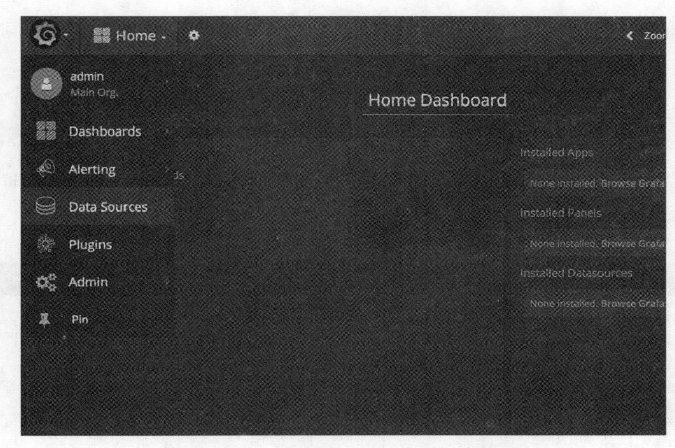

图 10-13 为 Grafana 添加数据源

填写数据源的详细信息，如数据源类型和 credentials，如图 10-14 所示：

- Name：Prometheus。
- Type：Prometheus。
- URL：http://prometheus:9090。
- Access：proxy。

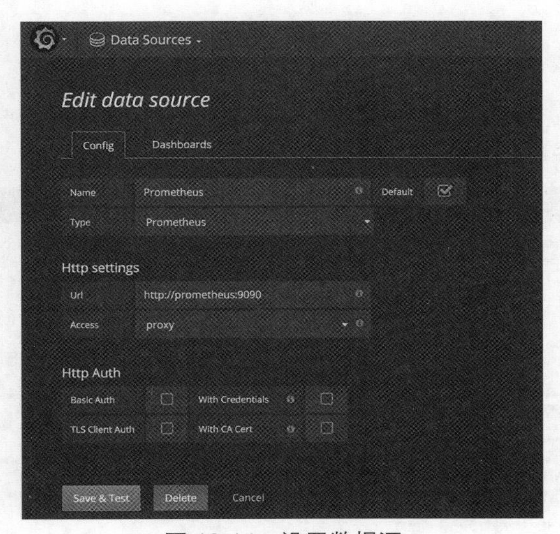

图 10-14 设置数据源

点击“Save & Test”，应该会看到一条填写成功的消息。Grafana 和 Prometheus 现在连接起来了。

5. 查看统计数据

我们已经完成了所有设置。现在，我们准备查看 Prometheus 从 3 个目标（cAdvisor、node exporter 和 Prometheus 自己）收集的统计数据。

访问 http://localhost:9090 展示 Prometheus 的 UI。点击“Execute”按钮旁边的下拉列表，选择查询来查看收集的统计数据，点击“Execute”，如图 10-15 所示。

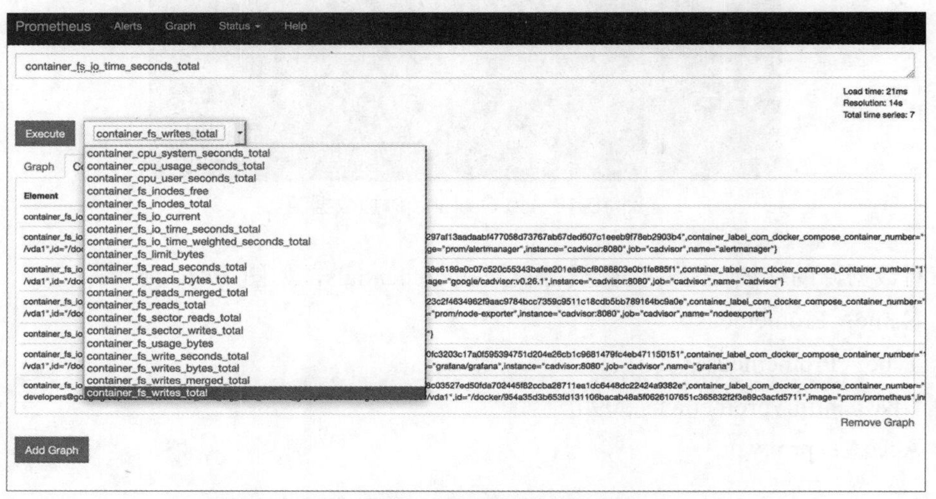

图 10-15　查看收集状态的方法

在图 10-16 所示的例子中，我们选择了 container_cpu_system_ seconds_total，结果展示了以秒为单位的所有容器及系统 CPU 总时间消耗。

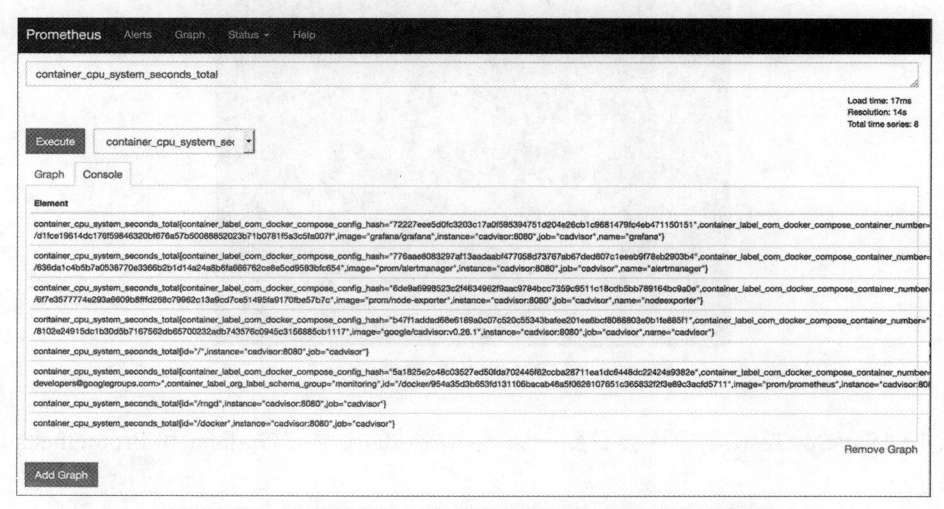

图 10-16　容器结果：以秒为单位的系统 CPU 总时间消耗

统计数据很漂亮，但展示起来不那么漂亮。让我们将 Prometheus 的统计数据导入 Grafana 来提高美感。通过访问 http://localhost:3000 来展示 Grafana 界面。使用用户名和密码登入，这个例子中仍然设置为 admin/admin。点击顶部的下拉列表并选择“Data Sources”，点击“Dashboards”选项卡，如图 10-17 所示。

图 10-17 编辑数据源

我们将看到“Prometheus Stats”条目，记得我们之前做过数据源配置（见图 10-14）。点击“Import”按钮（该按钮在 Prometheus 条目的最右端），所有统计数据和事件会从 Prometheus 数据库导入。这一步只需要做一次。现在新数据会在 Grafana 每次刷新时自动拉取。

要查看已经导入的示例统计数据，点击“Prometheus Stats”，应该会看到更具吸引力的新仪表盘，如图 10-18 所示。

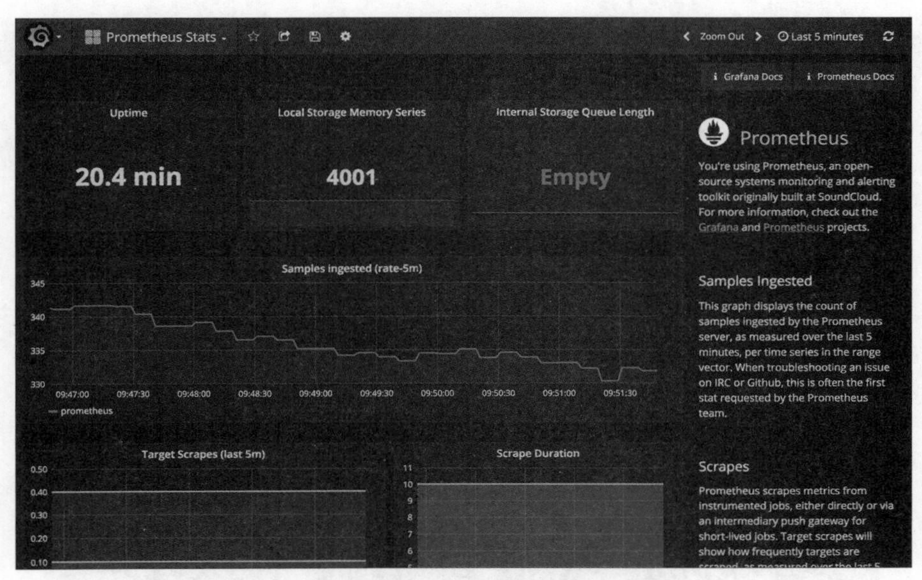

图 10-18 一些好看的仪表盘

看起来不错，这都要归功于 Grafana 的强大！

让我们再向前迈一步，创建一个简单的自定义仪表盘来展示宿主机上容器的累积 CPU 负载。展示 Grafana UI，点击左上角的菜单，选择“Dashboards”，然后点击“New”，如图 10-19 所示。

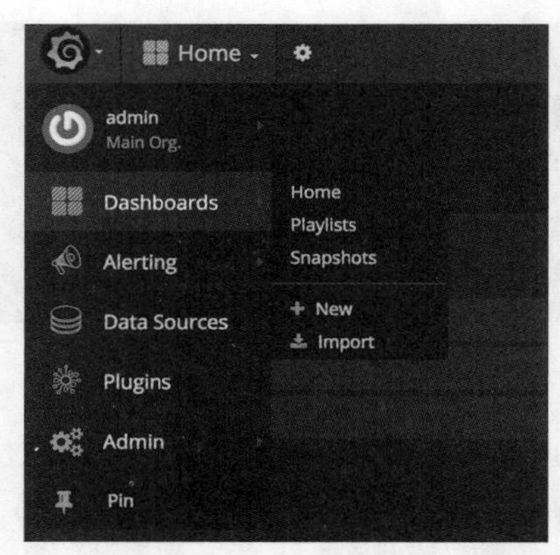

图 10-19 创建一个简单的自定义仪表盘来展示宿主机上容器的累积 CPU 负载

点击“Single Stat”。接着往下并按如下方式进行配置：

```
sum(rate(container_cpu_user_seconds_total{image!=""}[1m])) /
count(node_cpu{mode="system"}) * 100
```

该查询及时拉取给定时间的 CPU 资源使用情况，如图 10-20 所示，这是实时的。

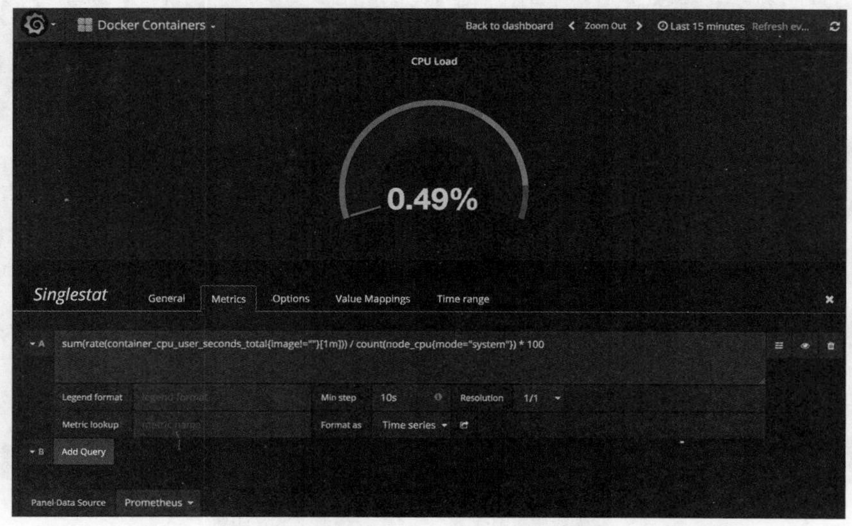

图 10-20 拉取 CPU 资源使用情况

其他能够以同样方式构建的示例包括内存使用情况和系统负载图，如图 10-21 和图 10-22 所示。

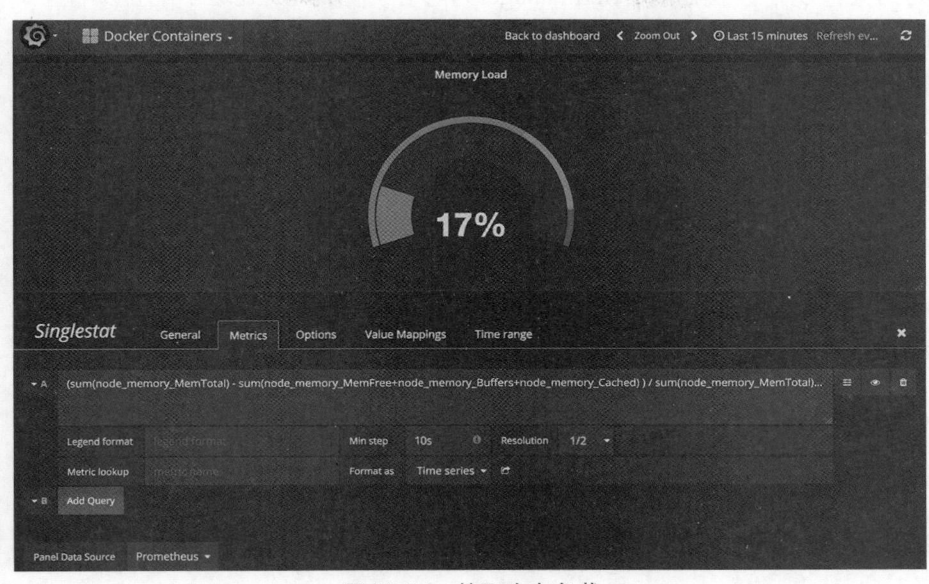

图 10-21　拉取内存负载

图 10-22　拉取系统负载

6. 集成 Alertmanager

作为结束，现在让我们将 Alertmanager 作为一部分集成到这个配置文件中。可以在 Alertmanager 中根据 Prometheus 收集的数据配置报警。

让我们进行如下设置。

（1）打开 Docker compose 文件并添加下面的内容：

```
alertmanager:
  image: prom/alertmanager
  container_name: alertmanager_pk
  volumes:
    - ./alertmanager/:/etc/alertmanager/
  command:
    - '-config.file=/etc/alertmanager/config.yml'
    - '-storage.path=/alertmanager'
  restart: unless-stopped
  expose:
    - 9093
  ports:
    - 9093:9093
  networks:
    - pk_network
  labels:
    org.label-schema.group: "monitoring for PK containers"
```

（2）在 Docker compose 文件中把 Alertmanager 添加到 Prometheus 容器服务中：

```
prometheus:
  image: prom/prometheus
  container_name: Prometheus_pk
  volumes:
    - ./prometheus/:/etc/prometheus/
    - prometheus_data:/prometheus
  command:
    - '-config.file=/etc/prometheus/prometheus.yml'
    - '-storage.local.path=/prometheus'
    - '-alertmanager.url=http://alertmanager:9093'
    - '-storage.local.memory-chunks=100000'
  restart: unless-stopped
  expose:
    - 9090
  ports:
```

```
    - 9090:9090
  networks:
    - pk_network
  labels:
    org.label-schema.group: "monitoring for PK containers"
```

（3）创建一个规则文件来配置报警规则，将这个文件命名为 container.rules：

```
ALERT tomcat_down
  IF absent(container_memory_usage_bytes{name="tomcat"}) FOR 10s
  LABELS { severity = "critical" }
  ANNOTATIONS {
   summary= "tomcat down",
   description= "tomcat container is down for more than 10 seconds."
  }
```

这个规则检查 Tomcat 的状态。如果 Tomcat 宕机，它会生成告警，它通过检查 Tomcat 使用的内存来实现这一点；如果没有统计数据，它就发出告警。

（4）将这个规则添加到 prometheus.yml 文件中：

```
# Load and evaluate rules in this file every 'evaluation_interval' seconds.
rule_files:
 - "containers.rules"
```

（5）再次运行 Docker compose 文件：

```
docker-compose up -d
```

访问 http://localhost:9090 展示 Prometheus 界面。点击顶部的“Alerts”菜单能够看到活动状态的报警，如图 10-23 所示。

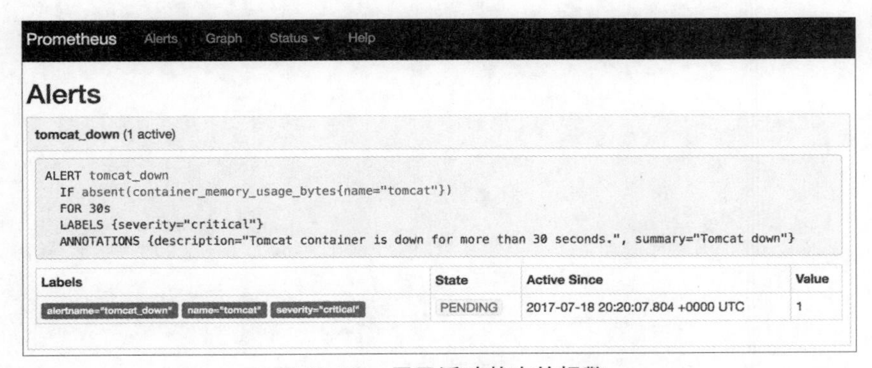

图 10-23　展示活动状态的报警

可以通过自己选择通知工具来进一步改进它。如果想了解更多信息，可以查看 Prometheus 官方网站。

如之前所讨论的，监控是非常重要的任务，在转换到容器时，它应该是首要关注的东西，而不是事后的想法。这是一个新领域，且由于本章所强调的挑战而有点麻烦，但新的解决方案正进入市场。睁大眼睛，不断学习！

第三部分

项目实战——学以致用

第 11 章

案例研究：单体 Helpdesk 应用

在本章中，我们会按照业界标准实践来构建一个传统的基于 Web 的 Helpdesk 应用。然而，我们在构建该应用时没有用到目前所学的任何概念。也就是说，我们要构建一个单体应用。这里的想法是获得现实世界的经验。我们构建这个应用，然后看看现实世界的复杂性，如应用部署、管理升级和伸缩性。一旦理解了使用单体架构的复杂性，我们将了解如何结合微服务和 Docker 来解决这些挑战，这将在之后的两章完成，我们会使用微服务架构重新构建应用并使用容器进行部署。

11.1 Helpdesk 应用概览

在如今的数字世界里，大多数公司通过移动/Web 应用提供自助模型来改变客户支持体验。应用体验、可用性、性能和搜索能力都是更快解决问题的关键而且是系统满足上述目标的关键特征。

Helpdesk 应用提供支持能力来帮助和管理客户的关注点。要重点注意的是，出于解释单体应用的概念、架构和复杂性的目的，我们对应用进行了简化。

假设在现实世界中，这个应用为一个移动电话供应商提供客户支持，该应用提供了如下功能。

- **账户管理**。提供用户账户管理功能（添加/修改/删除）。为保持简单，身份验证是通过本地数据库上的用户名和密码进行管理的。

- **事件创建与管理**。提供提交新事件以及查看和更新现有事件的能力。
- **产品目录管理（仅限管理员）**。基于已售产品和库存来保存和管理产品目录。
- **预约建立**。提供与专业支持人员建立预约的能力。
- **搜索**。提供搜索现有问题和解决方法以及搜索产品目录的能力。
- **留言板**。让客户相互协作和帮助的客户社区留言板。

下面的技术将用来构建这个应用。

- **用户界面**：HTML、JavaScript 和 jQuery。
- **中间层**：Java 7、Spring 3.x、Jersey 1.8 和 Hibernate。
- **数据库**：MySQL 5.x。

阅读附录 A 可以更好地理解该应用的工作流程和详细步骤。Helpdesk 的所有代码和资源可以从其 GitHub 仓库 https://github.com/kocherMSD/Helpdesk_Monolithic.git 获取。

可以使用 `git clone` 命令将代码克隆到本地机器上，我们将在搭建过程中使用该代码。

11.2　应用架构

现在我们了解了应用的使用方式，让我们深入应用的技术细节。图 11-1 展示了基于组件的应用架构。

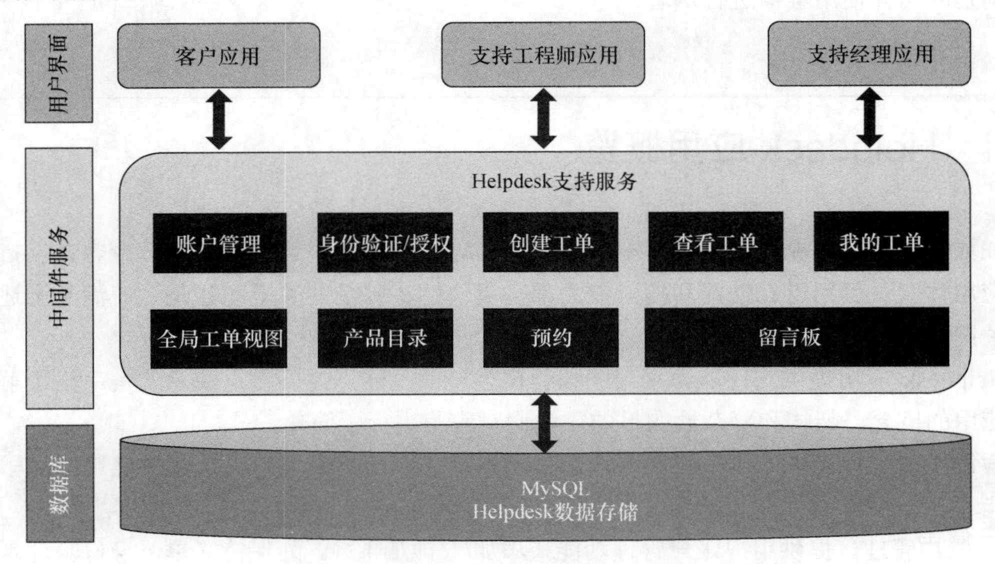

图 11-1　Helpdesk 应用的组件和基本架构

正如所见，这是一个由数据库、业务逻辑/服务和用户界面组成的 3 层架构应用。现在，让我们从高层次看看应用包含的服务列表。对于实现细节，可以参考 GitHub 上发布的代码。

11.2.1　身份验证、拦截器和授权

顾名思义，这个模块提供服务来验证用户以及根据用户角色授权用户有权访问什么级别的信息。简而言之，我们实现了简单的身份验证（数据库用户名/密码）和基于角色（数据库用户名和角色）的授权。我们实现了 Spring 拦截器来确保每个请求都经过身份验证。角色和登录保存在会话中并依据需要从会话中获取。

下面介绍身份验证的伪代码。

1. 身份验证

这个服务使用来自于登录页面文本框的用户名和密码来验证用户。用户名/密码对与数据库中的记录进行匹配。

- 上下文：authenticate。
- 方法：POST。
- 消费：application/xml、application/json。
- 产出：application/json。
- 输入：HttpHeaders、request。
- 输出：响应状态（如成功或失败）。

下面是身份验证服务的伪代码：

```
@Override
@POST
@Consumes({"application/xml", "application/json"})
@Produces({"application/json"})
@Path("/authenticate/")
public AuthenticationResponse authenticate(
        @Context HttpHeaders headers,
        AuthenticationRequest request) {
    //To-do Implementation
}
```

2. 拦截器

拦截器使用 /* 模式匹配截获所有访问应用服务器的进入请求，其帮助执行 prehandle 函数。下面是 Spring 的 XML 和 Java 伪代码：

```
<interceptors>
  <interceptor>
    <mapping path="/*"/>
    <beans:bean>
      class="org.spring.controller.AuthenticationInterceptor"
    <beans:bean/>
  </interceptor>
</interceptors>

@Override
public boolean preHandle(
        HttpServletRequest request,
        HttpServletResponse response,
        Object handler) throws Exception {
    //To-do Implementation
}
```

3. 授权

我们的应用有多个角色，当用户登录时，他们的角色作为拦截器逻辑的一部分保存在 HTTP 会话中。授权控制器使用下面的代码片段获取 HTTP 会话：

```
LoginForm userData = (LoginForm) context.getSession().getAttribute("LOGGEDIN_USER");
```

下面的代码片段用于授权的前端 JSP 页面：

```
<%

LoginForm loginform=(LoginForm)session.getAttribute ("LOGGEDIN_USER");
String user=loginform.getUsername();
if(session.getAttribute("ACCESS_LEVEL").equals("4"))
%>
```

11.2.2　账户管理

这个组件提供与管理用户账户、相关合同或权利详情、购买详情（如产品信息、序列号）等相关的服务。例如，一位客户可能已经购买了一部或多部带有保修和专业支持服务的手机，这些详细信息可以通过权限检查和支持的 API 获取到。下面是提供的服务。

- `getAccount`：获取一个已加入用户的详情。
- `addAccount`：加入一个新用户。
- `updateAccount`：更新已加入的现有用户。
- `deleteAccount`：从系统中删除现有用户。

下面是服务类的签名：

```
@Component
@Path("/AccountService")
public class AccountServiceImpl implements AccountService {
```

1. getAccount

如果用户在系统中存在，这个服务就获取注册用户的账户信息。从一个后端数据库获取账户信息并以 JSON 格式返回该信息。

- 上下文：AccountService/getAccount/{customerId}。
- 方法：GET。
- 消费：application/xml，application/json。
- 产出：application/json。
- 输入：HttpHeaders，customerId。
- 输出：用户、账户信息、设备和服务信息的 JSON。

下面是 getAccount 的伪代码：

```
@Override
@GET
@Consumes({"application/xml", "application/json"})
@Produces({"application/json"})
@Path("/getAccount/{customerId}")
public AccountViewResponse getAccount(
      @Context HttpHeaders headers,
      @PathParam("customerId")String customerId)
      throws ServiceInvocationException {
    //To do the task and implementation of DAO
}
```

2. addAccount

该服务为客户添加给定的账户，它将账户信息添加到后端数据库中。输入由来自文本框的数据构建成的 JSON 并持续化到各自的数据库表中。

- 上下文：AccountService/addAccount。
- 方法：POST。
- 消费：application/xml，application/json。
- 产出：application/json。
- 输入：HttpHeaders，用户、账户信息、设备和服务信息的 JSON。
- 输出：响应状态（如成功还是失败）。

下面是 addAccount 的伪代码：

```
@Override
@POST
@Consumes({"application/xml", "application/json"})
@Produces({"application/json"})
@Path("/addAccount/")
public AccountResponse addAccount(
       @Context HttpHeaders headers,
       AccountRequest req)
       throws ServiceInvocationException {
    //To do the task and implementation of DAO
}
```

3. updateAccount

这个服务更新系统中给定用户的账户信息，更新后的信息持久化到后端数据库中。

- 上下文：AccountService/updateAccount。
- 方法：POST。
- 消费：application/xml，application/json。
- 产出：application/json。
- 输入：HttpHeaders，用户、账户信息、设备和服务信息的 JSON。
- 输出：响应状态（如成功或失败）。

下面是 updateAccount 的伪代码：

```
@Override
@POST
@Consumes({"application/xml", "application/json"})
@Produces({"application/json"})
@Path("/updateAccount/")
public AccountResponse updateAccount(
       @Context HttpHeaders headers,
       AccountRequest req)
       throws ServiceInvocationException {
    //To do the task and implementation of DAO
}
```

4. deleteAccount

这个服务用来从应用中删除给定用户的一个账户。如果账户信息存在，那么这个账户的信息会从数据库中删除。

- 上下文：AccountService/deleteAccount。
- 方法：POST。

- 消费：application/xml，application/json。
- 产出：application/json。
- 输入：HttpHeaders，用户、账户信息、设备和服务信息的 JSON。
- 输出：响应状态（如成功或失败）。

下面是 deleteAccount 的伪代码：

```
@Override
@POST
@Consumes({"application/xml", "application/json"})
@Produces({"application/json"})
@Path("/deleteAccount/")
public AccountResponse deleteAccount(
       HttpHeaders headers,
       AccountRequest req)
       throws ServiceInvocationException {
   //To do the task and implementation of DAO
}
```

11.2.3 工单

注册用户使用这组服务创建或查看已购产品的支持工单。下面是所提供的服务。

- createTicket：创建工单。
- viewTicket：打开一个待查看的工单。
- viewAllTicket：打开所有待查看的工单。

下面是服务类的定义：

```
@Component
@Path("/TicketService")
public class HelpDeskTicketServiceImpl
       implements HelpDeskTicketService, ApplicationContextAware {
```

1. createTicket

这个服务为用户创建一个工单。使用创建工单 Web 页面的内容构造一个 JSON 请求。使用 Hibernate 将这个 JSON 请求转换为一个数据模型并持久化到数据库中以便稍后解决时进行查看。

- 上下文：TicketService/createTicket。
- 方法：POST。
- 消费：application/xml，application/json。
- 产出：application/json。

- 输入：HttpHeaders、工单信息（如合同号、问题信息、用户 ID）的 JSON。
- 输出：生产的工单号、响应状态（如成功或失败）。

下面是 createTicket 的伪代码：

```
@Override
@POST
@Consumes({ MediaType.APPLICATION_JSON, MediaType.APPLICATION_XML })
@Produces({ MediaType.APPLICATION_JSON, MediaType.APPLICATION_XML })
@Path("/createTicket/")
public TicketResponse createHdTicket(
        @Context HttpHeaders headers,
        TicketRequest ticketRequest)
        throws ServiceInvocationException{
    //To do the task and implementation of DAO
}
```

2. viewTicket

该服务基于给定的工单号和用户角色返回工单详细信息。如果客户提供的工单号存在的话，它从数据库获取工单信息。使用 Hibernate 获取数据模型并返回 JSON。

- 上下文：TicketService/viewTicket/{userId}。
- 方法：GET。
- 消费：application/xml，application/json。
- 产出：application/xml，application/json。
- 输入：HttpHeaders。
- 输出：工单信息的 JSON（如合同号、问题信息和用户 ID）。

下面是 viewTicket 的伪代码：

```
@Override
@GET
@Consumes({"application/xml", "application/json"})
@Produces({"application/json"})
@Path("/viewTicket/{userId}/{ticketId}")
public ViewTicketResponse viewTicket(
        @Context HttpHeaders headers,
        @PathParam("userId")String userId,
        @PathParam("ticketId")String ticketId)
        throws ServiceInvocationException {
}
```

3. viewAllTicket

这个服务返回系统中由已登录用户创建的所有可用工单。使用 Hibernate 获取一个数据模型并作为 JSON 返回。

- 上下文：TicketService/viewAllTicket。
- 方法：GET。
- 消费：application/xml，application/json。
- 产出：application/xml，application/json。
- 输入：HttpHeaders。
- 输出：工单信息（如合同号、问题信息和用户 ID）的 JSON。

下面是 viewAllTicket 的伪代码：

```
@Override
@GET
@Consumes({"application/xml", "application/json"})
@Produces({"application/json"})
@Path("/viewAllTicket/")
public ViewAllTicketResponse viewAllTicket(
        @Context HttpHeaders headers)
        throws ServiceInvocationException {
    //To do the task and implementation of DAO
}
```

下面是用户基于角色可用的选项。

- **我的工单**。提供已分配给支持工程师的工单的列表或者基于用户角色的由用户创建的工单的列表。
- **全局工单视图**。让管理者或支持经理能够查看所有工单。

11.2.4 产品目录

产品目录服务允许管理员管理公司提供的产品清单，它还让用户能够查看自己购买的产品列表并在这些产品上创建支持工单。下面是可用的服务列表。

- getCatalog：返回一个产品目录。
- addCatalog：在产品目录中创建一个新条目。
- updateCatalog：更新产品目录的指定条目。
- deleteCatalog：删除已有的产品目录条目。

该服务的类定义如下：

```
@Path("/CatalogService")
public class CatalogServiceImpl implements CatalogService {
```

1. getCatalog

这个服务返回系统中可用的产品列表。使用 Hibernate 获取一个数据模型并返回 JSON。

- 上下文：CatalogService/getCatalog/{customerId}。
- 方法：GET。
- 消费：application/xml，application/json。
- 产出：application/json。
- 输入：HttpHeaders，customerId（所有出现的 header 都应该替换为 HttpHeaders）。
- 输出：客户在其账户下所拥有的产品信息的 JSON。

下面是 getCatalog 的伪代码：

```
@Override
@GET
@Consumes({"application/xml", "application/json"})
@Produces({"application/json"})
@Path("/getCatalog/{customerId}")
public ProductDetailsResponse getCatalog(
      @Context HttpHeaders headers,
      @PathParam("customerId") String customerId)
      throws ServiceInvocationException {
    //To do the task and implementation of DAO
}
```

2. addCatalog

这个服务向目录中添加新产品。使用输入页面创建一个 JSON 请求，而后用 Hibernate 将其转换为数据模型并保存到数据库中。

- 上下文：CatalogService/addCatalog。
- 方法：POST。
- 消费：application/xml，application/json。
- 产出：application/json。
- 输入：HttpHeaders，客户在其账户下所拥有的产品信息的 JSON。
- 输出：响应状态（如成功或失败）。

下面是 addCatalog 的伪代码：

```
@Override
@POST
@Consumes({"application/xml", "application/json"})
```

```
@Produces({"application/json"})
@Path("/addCatalog/")
public CatalogResponse addCatalog(
        @Context HttpHeaders headers,
        CatalogRequest req)
        throws ServiceInvocationException {
    //To do the task and implementation of DAO
}
```

3. updateCatalog

如果系统中有指定产品的话，这个服务更新已有的产品目录条目。JSON 在数据模型中更改并更新到数据库中。

- 上下文：CatalogService/updateCatalog。
- 方法：POST。
- 消费：application/xml，application/json。
- 产出：application/json。
- 输入：HttpHeaders，客户在其账户下所拥有的产品信息的 JSON。
- 输出：响应状态（如成功或失败）。

下面是 updateCatalog 的伪代码：

```
@Override
@POST
@Consumes({"application/xml", "application/json"})
@Produces({"application/json"})
@Path("/updateCatalog/")
public CatalogResponse updateCatalog(
        HttpHeaders headers,
        CatalogRequest req)
        throws ServiceInvocationException {
    //To do the task and implementation of DAO
}
```

4. deleteCatalog

这个服务用来从目录中删除一个产品目录条目。使用 Hibernate 从数据库删除指定条目。

- 上下文：CatalogService/deleteCatalog。
- 方法：POST。
- 消费：application/xml，application/json。
- 产出：application/json。

- 输入：HttpHeaders、客户在其账户下所拥有的产品信息的 JSON。
- 输出：响应状态（如成功或失败）。

下面是 deleteCatalog 的伪代码：

```
@Override
@POST
@Consumes({"application/xml", "application/json"})
@Produces({"application/json"})
@Path("/deleteCatalog/")
public CatalogResponse deleteCatalog(
        HttpHeaders headers,
        CatalogRequest req)
        throws ServiceInvocationException {
    //To do the task and implementation of DAO
}
```

11.2.5 预约

预约服务的工作原理类似于苹果的 Genius Bar（天才吧）。用户可以在商店预约支持工程师来安排时间。下面是预约提供的服务。

- getAvailableTimeSlots：获得给定日期可用于预约的时间段。
- getAvailableDates：返回至少有一个可用时间段的日期。
- saveAppointment：将预约保存到日程安排。

下面是该服务的类定义：

```
@Component
@Path("/AppointmentService")
public class AppointmentServiceImpl {
```

1. getAvailableTimeSlots

这个服务以 JSON 格式返回给定日期所有可用的时间段。

- 上下文：AppointmentService/getAvailableTimeSlots。
- 方法：GET。
- 消费：application/xml，application/json。
- 产出：application/json。
- 输入：HttpHeaders，TITLE。
- 输出：响应状态（如成功或失败）。

下面是 getAvailableTimeSlots 的伪代码：

```
@Override
@POST
@Consumes({"application/xml", "application/json"})
@Produces({"application/json"})
@Path("/getAvailableTimeSlots/")
public
AppointmentAvailableTimeSlotResponse getAvailableTimeSlots(
        @Context HttpHeaders headers,
        AppointmentAvailableTimeSlotRequest Request) {
    //To do
}
```

2. getAvailableDates

这个服务为预约返回有一个或多个时间段的可用日期。

- 上下文：AppointmentService/getAvailableDates。
- 方法：POST。
- 消费：application/xml，application/json。
- 产出：application/json。
- 输入：HttpHeaders，TITLE。
- 输出：响应状态（如成功或失败）。

下面是 getAvailableDates 的伪代码：

```
@Override
@POST
@Consumes({"application/xml", "application/json"})
@Produces({"application/json"})
@Path("/getAvailableDates/")
public
AppointmentAvailableDateResponse getUnAvailableDates(
        @Context HttpHeaders headers,
        AppointmentAvailableDateRequest request) {
    //To do
}
```

3. saveAppointment

这个服务设置并保存所选可用时间和日期的预约。

- 上下文：AppointmentService/saveAppointment。
- 方法：POST。

- 消费：application/xml，application/json。
- 产出：application/json。
- 输入：HttpHeaders，TITLE，request。
- 输出：响应状态（如成功或失败）。

下面是 saveAppointment 的伪代码：

```
@Override
@POST
@Consumes({"application/xml", "application/json"})
@Produces({"application/json"})
@Path("/saveAppointment/")
public AppointmentResponse saveAppointment(
        @Context HttpHeaders headers,
        AppointmentRequest request) {
    //To do
}
```

11.2.6　留言板

留言板服务使用户社区和支持专家之间能够协作。下面是留言板提供的服务。

- getMessage：获取系统中可用的消息。
- getAllMessage：获取指定时间的全部消息。
- createMessage：保存消息、问题或用户提供的答案。

下面是该服务的类定义：

```
@Component
@Path("/MessageService")
public class MessageServiceImpl implements MessageService {
```

1. getMessage

这个服务根据用户所提的问题来获取系统中可用的消息、问题和答案。

- 上下文：MessageService/getMessage/{title}。
- 方法：GET。
- 消费：application/xml，application/json。
- 产出：application/json。
- 输入：HttpHeaders，TITLE。
- 输出：响应状态（如成功或失败）。

下面是 getMessage 的伪代码：

```
@Override
@GET
@Consumes({"application/xml", "application/json"})
@Produces({"application/json"})
@Path("/getMessage/{title}")
public MessageViewResponse getMessage(
       @Context HttpHeaders headers,
       @PathParam("title")String title)
       throws ServiceInvocationException {
    //To do the task and implementation of DAO
}
```

2. getAllMessage

这个消息根据用户提供的时间段返回系统中所有可用的消息和问题并以 JSON 格式返回。

- 上下文：MessageService/getAllMessage。
- 方法：GET。
- 消费：application/xml，application/json。
- 产出：application/json。
- 输入：HttpHeaders。
- 输出：响应状态（如成功或失败）。

下面是 getAllMessage 的伪代码：

```
@Override
@GET
@Consumes({"application/xml", "application/json"})
@Produces({"application/json"})
@Path("/getAllMessage/")
public MessageViewAllResponse getAllMessage(
       @Context HttpHeaders headers)
       throws ServiceInvocationException {
    //To do the logic
}
```

3. createMessage

该服务保存用户在留言板上提供的消息、问题和答案。

- 上下文：MessageService/createMessage。
- 方法：POST。
- 消费：application/xml，application/json。

- 产出：application/json。
- 输入：HttpHeaders，MessageRequest。
- 输出：响应状态（如成功或失败）。

下面是 createMessage 的伪代码：

```
@Override
@POST
@Consumes({"application/xml", "application/json"})
@Produces({"application/json"})
@Path("/createMessage/")
public RestResponse createMessage(
        @Context HttpHeaders headers,
        MessageRequest req)
        throws ServiceInvocationException {
    //To do the logic
}
```

11.2.7　搜索

搜索服务允许用户对整个应用进行基于文本的搜索。它在所有实体（数据库表）中查找指定文本，如工单、目录和消息数据。如果应用可用的数据中包含该文本，它就匹配。它通过 DAO（数据访问对象）层与后端数据库进行交互并使用 Hibernate 映射搜索框作为输入提供的文本来从数据库表中拉取所有相关信息。

下面是搜索服务的类定义：

```
@Component
@Path("/Search/Service")
public class SearchServiceImpl implements SearchService {
```

- 上下文：SearchService/search。
- 方法：GET。
- 消费：application/xml，application/json。
- 产出：application/json。
- 输入：HttpHeaders，搜索文本。
- 输出：响应状态（如成功或失败）。

下面是搜索服务的伪代码：

```
@Override
@GET
@Consumes({"application/xml", "application/json"})
@Produces({"application/json"})
```

```
@Path("/search")
public MessageViewResponse search(
      @Context HttpHeaders headers,
      @PathParam("title")String title)
      throws ServiceInvocationException {
   //To do the task and implementation of DAO
}
```

11.3 构建应用程序

我们已经介绍了应用的架构、Web 服务和各种依赖，下面让我们下载代码、构建它，并看看它的实际运作。

11.3.1 搭建 Eclipse

我们一直使用 Eclipse IDE 进行开发。读者可以选择自己用着最舒服的 IDE，下面是在 Windows 上搭建 Eclipse 的说明（如果机器上已经有 Eclipse，可以跳过这一步）。

（1）下载 Eclipse。

（2）根据所用的系统进行 Unzip 或 Unrar 解压。Eclipse 的先决条件是 JRE 在系统路径中。

（3）双击“eclipse.exe”，如图 11-2 所示。

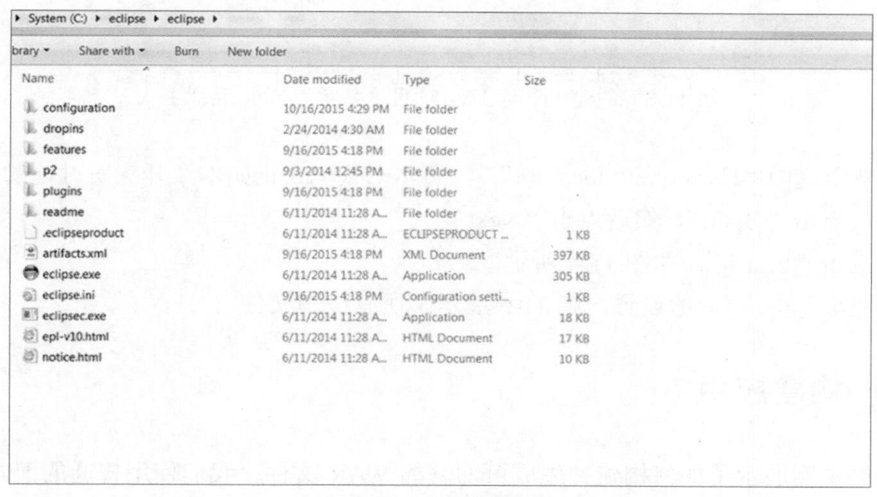

图 11-2 解压 Eclipse

（4）右键点击“Package Explorer”，选择“New Java Project”。如图 11-3 所示，将这个项目命名为 Helpdesk，其他字段保留默认值。

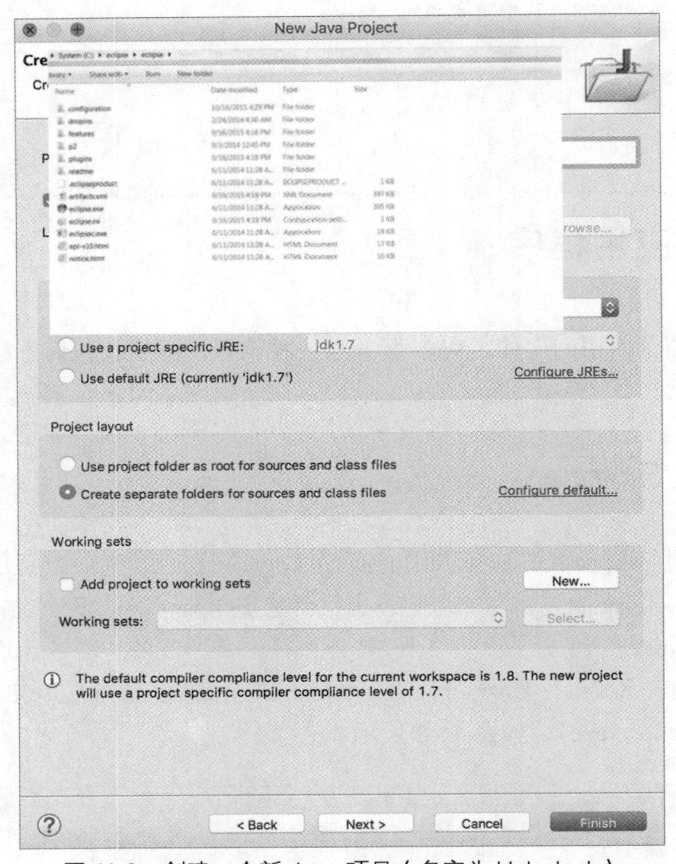

图 11-3　创建一个新 Java 项目（名字为 Helpdesk）

（5）取消选中“Use default location”，浏览本书代码（正如本章开头所讨论的）已经克隆的目录，点击“Open”，然后点击“Next”。

（6）点击“Finish”，如图 11-4 所示。

这就完成了 Eclipse 的设置。图 11-5 展示了所有应用文件。

11.3.2　构建应用

下面的说明展示了如何构建并生成可部署的 WAR 文件。我们使用普通的旧式 Apache Ant 构建。

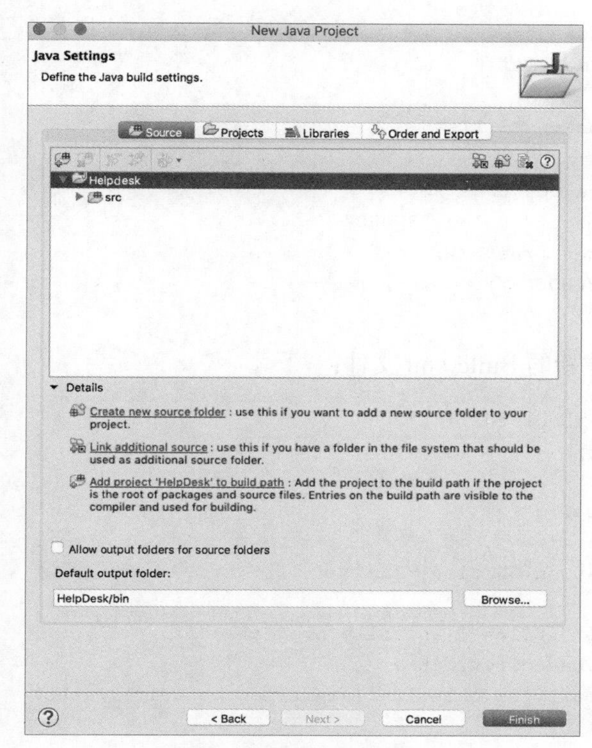

图 11-4　完成应用设置

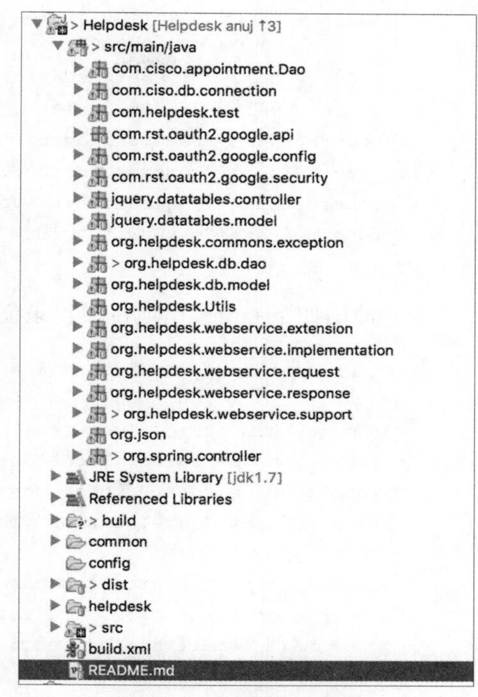

图 11-5　所有应用文件

（1）在构建 WAR 文件之前，我们需要在代码库的 applicationContext.xml 文件中配置数据库。可以在<项目位置>/src/main/webapp/WEB-INF/applicationContext.xml 中找到它。修改下面代码片段中 `DataSource` bean 的 `url`、`username` 和 `password` 属性。

确保之后的步骤中安装和配置 MySQL 数据库时使用相同的认证信息。

```
<bean id="DataSource" destroy-method="close"
class="org.apache.tomcat.jdbc.pool.DataSource">
  <property name="driverClassName"
            value="com.mysql.jdbc.Driver" />
  <property name="url"
            value="jdbc:mysql://<dbhost>:<dbport>/<dbname>" />
  <property name="username" value="<Username>" />
  <property name="password" value="<Password>" />
  <property name="initialSize" value="5" />
  <property name="maxActive" value="50" />
  <property name="validationQuery"
            value="select 1 from dual" />
  <property name="testWhileIdle" value="true" />
  <property name="testOnBorrow" value="true" />
```

```
    <property name="minIdle" value="020000" />
    <property name="minEvictableIdleTimeMillis"
              value="30000000" />
    <property name="timeBetweenEvictionRunsMillis"
              value="6000000" />
    <property name="removeAbandoned" value="true"/>
    <property name="removeAbandonedTimeout" value="30000" />
    <property name="logAbandoned" value="true" />
    <property name="maxWait" value="120000" />
</bean>
```

（2）使用如下 target 在项目根目录创建新的 Build.xml 文件：

```
<project name="projects" default="jar" basedir=".">

    <property name="src" location="src"/>
    <property name="build" location="build"/>
    <property name="dist" location="dist"/>
    <property name="jar.location" location="${dist}/lib"/>

    <dirname property="projects.basedir" file="${ant.file.projects}"/>
    <echo>projects.basedir=${projects.basedir}</echo>
    <echo>Inside smartview project: smartview.basedir=${smartview.basedir}</echo>

        <path id="project.classpath">
          <fileset refid="sv.jars"/>
          <fileset refid="common.dist"/>
        </path>

    <filelist id="project.build.files" dir="${projects. basedir}">
      <file name="build.xml" />
    </filelist>

    <fileset id="sv.jars" dir="${projects.basedir}">
      <include name="src/main/lib/*.jar"/>
    </fileset>

    <fileset id="common.jars" dir="${projects.basedir}">
      <include name="src/main/lib/*.jar"/>
    </fileset>

    <fileset id="common.dist" dir="${projects.basedir}">
      <include name="dist/lib/*.jar"/>
    </fileset>
```

（3）使用这些 target 编译和创建 JAR 文件：

```
<target name="compile.individual" depends="init">
  <javac includeantruntime="false" debug="true"
       compiler="javac1.6" srcdir="${src}" destdir="${build}">
    <classpath refid="project.classpath"/>
  </javac>
</target>

<target name="jar.individual" depends="compile. individual">
  <mkdir dir="${jar.location}"/>
  <mkdir dir="${build}/META-INF"/>

  <copy todir="${build}/META-INF">
    <fileset dir="${src}/main/resource/META-INF" includes="*.xml"/>
  </copy>
  <jar jarfile= "${jar.location}/org-${ant.project.name}.jar" basedir="${build}"/>
</target>

<!-- Methods only used by the top level of JARing or WARing everything up -->

<target name="jar" depends="init">
   <mkdir dir="${dist}/lib"/>
   <subant target="jar.individual">
       <filelist refid="project.build.files"/>
   </subant>
</target>
```

（4）使用下面的 target 创建 WAR 文件：

```
<target name="copy.files" depends="jar">
  <copy todir="${stage.war.lib}" flatten="true">
    <fileset dir="${projects.basedir}"  includes="*/dist/lib/*.jar"
      excludes="*test*.jar" />
  </copy>
  <copy todir="${stage.war.lib}" flatten="true">
    <fileset dir="${projects.basedir}"
      includes="common/configproperties/*.xml" />
  </copy>
  <copy todir="${stage.war.lib}" flatten="true">
    <fileset refid="common.jars"/>
  </copy>
  <copy todir="${stage.war.lib}" flatten="true">
    <fileset refid="sv.jars"/>
  </copy>
</target>

<target name="war" depends="init.war,copy.files">
  <war destfile="dist/lib/helpdesk.war" webxml="src/main/webapp/WEB-INF/web.xml">
    <fileset dir="src/main/webapp">
```

```
        <exclude name="**/.svn"/>
      </fileset>
      <lib dir="src/main/webapp/WEB-INF/lib" />
      <classes dir="${build}/classes" />
    </war>
  </target>
```

（5）右键点击“Build.xml”文件，而后点击“Run As”→“Ant Build...”，如图 11-6 所示。

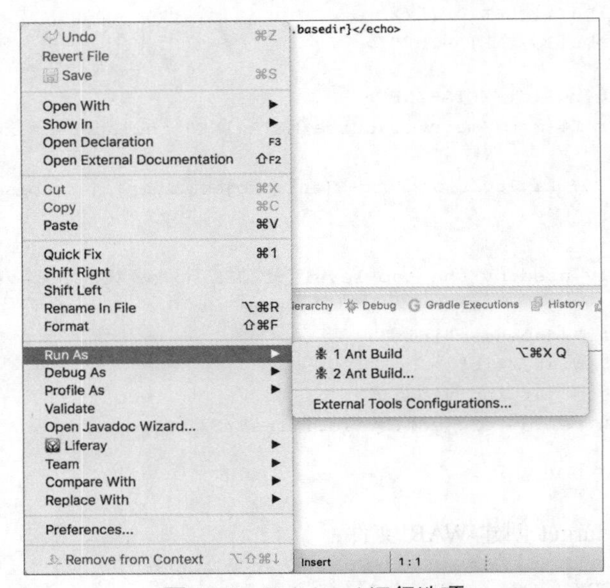

图 11-6　Build.xml 运行选项

（6）接下来的屏幕中，从窗口选择“all target”。

本地环境已准备就绪，我们已经在<项目位置>/helpdesk/dist/lib 下生成了名为 helpdesk.war 的 WAR 文件。

11.3.3　部署与配置

我们将在 AWS 上托管我们的应用和所有相关服务并使用单个虚拟机进行部署。鼓励读者遵循本节的指示来获取实践经验。第一步是启动 AWS 上的 EC2 实例。就我们的目的而言，我们将使用一个运行 Ubuntu 操作系统的中型虚拟机。Tomcat 7 和 MySQL 应该作为前提条件进行安装。（安装 Tomcat 7 也会安装 Java 和其他依赖。）

（1）运行下面的命令，将 Tomcat 7 安装到/var/lib/tomcat7 目录下：

```
sudo apt-get install tomcat7
```

（2）服务应该启动并运行了。运行下面的命令检查 Tomcat 正在正常运行：

```
sudo service tomcat7 status
```

Tomcat servlet 引擎应该正在使用它自己的进程标识符运行。可以用下面的命令启动和停止 Tomcat：

```
sudo service tomcat7 start
sudo service tomcat7 stop
```

（3）运行下面的命令安装 MySQL 服务器：

```
sudo apt-get install mysql-server
```

（4）安装过程中，读者会被要求提供 `root` 密码，输入密码完成安装。

（5）安装结束时，MySQL 服务器应该启动并运行起来了。使用下面的命令确保其正在运行：

```
sudo service mysql status
```

可以使用下面的命令启动和停止 MySQL：

```
sudo service mysql start
sudo service mysql stop
```

（6）创建名为 `helpdesk` 的数据库：

```
Create database helpdesk
```

（7）将位于“<项目位置>/src/main/webapp/WEB-INF/”中的 application.properties 文件复制至 Tomcat 的 lib 目录中。这些是项目使用的属性或键值对。

（8）将位于“<项目位置>/src/main/lib/”中的 jstl.1.2.jar 文件复制到 Tomcat 的 lib 目录中。它是支持 jsp 标签的库。

（9）Tomcat 实例默认运行在 8080 端口，可以通过查看 http://<yourhost>:8080/console 来验证。

（10）我们现在可以从 Tomcat 管理控制台部署 Web 应用。点击“Browse”按钮来选择之前创建的 WAR 文件，然后点击“Deploy”，如图 11-7 所示。

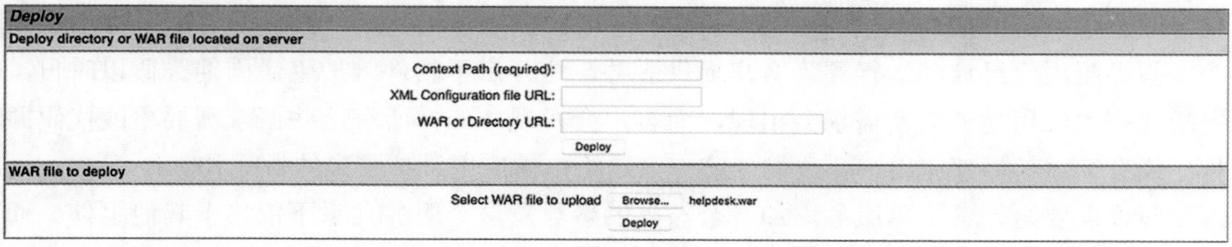

图 11-7 部署 WAR 文件

如在图 11-8 中所见，应用部署在 Tomcat 服务器上并能够通过 http://<yourhost>:8080/helpdesk 访问。

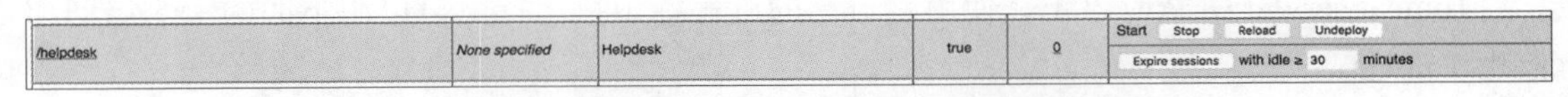

图 11-8　我们的应用在 Tomcat 服务器上的位置

现在整个应用被打包成单个 WAR 文件。至此，应用应该在系统上启动并运行起来了。图 11-9 展示了不同模块间的所有依赖。

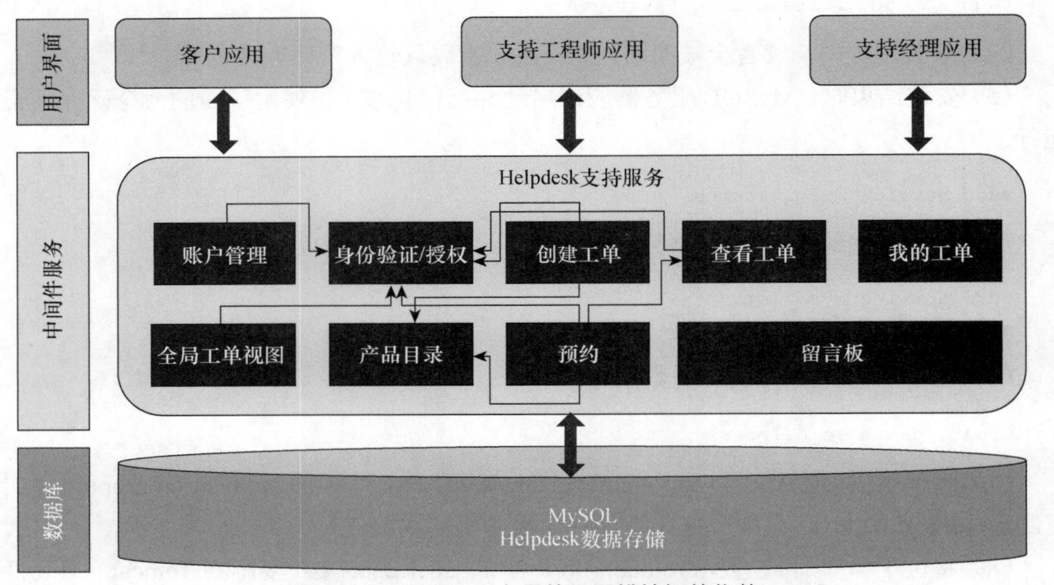

图 11-9　Helpdesk 应用的不同模块间的依赖

11.4　新需求和 bug 修复

假设应用已经启动运行并为客户提供服务，这开启了软件维护生命周期。假以时日，更新或修改应用功能的新需求会出现，而客户会发现 bug。所有这些请求需要更改代码并且（或者）重新构建应用。让我们理解一下这给单体应用维护带来的挑战和工作。

假设需要给查看工单服务添加一个额外的参数，这个服务几乎不依赖于其他组件。通过下面的代码，我们修改了工单请求：

```
public TicketResponse createHdTicket(
        @Context HttpHeaders headers,
        TicketRequest ticketRequest)
        throws ServiceInvocationException{
```

下面的代码能够让我们向 POJO（Web 模型）中添加新属性：

```
@Component
 private String emailAddress;
@XmlElement
public String getEmailAddress() {
    return emailAddress;
}
public void setEmailAddress(String emailAddress) {
    this.emailAddress = emailAddress;
}
```

使用下面的代码，我们能够向 DAO 层添加逻辑，以便从数据库获取该属性：

```
private String saveToDatabase(TicketRequest ticketRequest){
    //added with existing one
    ticket.setEmailAddress(ticketRequest.getEmailAddress());
}
```

这大概是所有代码变更，看起来非常简单且直观。但接下来会发生什么？开发者需要在所有环境上执行下面的活动以及部署代码。

（1）构建整个应用。这意味着不得不重新部署整个应用。

（2）执行整个应用的回归测试来保证所有其他功能仍然按预期工作。

（3）解决任何 bug 和依赖。

（4）部署代码来测试环境并执行质量保证过程。

（5）将变更部署到生产环境。

如果应用没有按高可用（high availability，HA）模式部署，这意味着在应用重新部署时会有停机的情况发生。

所有这些步骤增加了发布这个小变更的时间并打败了整个敏捷原则。这并没有考虑持续进行的变更，此时需要创建新分支、合并代码以及重新测试。

还有其他一些问题，具体如下。

- **解决 bug**。每个 bug 修复需要部署完整的构建，这意味着如果部署架构没有内建适当的 HA，系统就可能停机。此外，依赖所使用的系统开发生命周期（SDLC）可能意味着在引入 bug 修复之前会有很长时间。对于严重 bug，这通常意味着创建和维护代码的一个热修复（hot fix）分支，可能把代码库变得复杂并在之后创建有问题的合并。

- **替换应用组件**。这是整个应用可能要重构或重新实现的另一种情况。假设组织想将云服务用于工单管理，按照当前编写应用的方式，很难将相关模块与应用解耦。
- **替换或添加新技术栈**。在这种情况中，除非重新实现整个应用，否则没有为新模块或功能选择技术的自由。组织由于单体架构而困在所选择的技术上。
- **有选择地伸缩**。比方说读者只想伸缩工单模块来适应使用模式，这非常困难，因为应用组件紧密地集成为一个单体应用。将工单独立出来需要大量代码重构、与独立工单系统的集成、测试、新部署架构等。
- **故障处理**。在单体应用中，一个模块的故障有可能破坏整个应用。假设产品目录服务宕机了，会造成用户无法提交新工单。新工单应该指出用户的哪个产品有问题，以便更好地进行工单路由和更快地解决问题。然而，产品目录服务中的 bug 不应阻止用户创建工单本身，也就是说，它不应该搞跨工单服务本身。但考虑到单体架构的特点，如果产品目录是必填字段而这里又有 bug，即使用户能够描述产品的问题，他们也会卡在这个阶段。

虽然上述问题给我们的应用带来了挑战，但这些只是当今数字世界的简单需求。用我们当前应用采用的单体方式解决这些问题成本高昂且耗时无数。接下来的两章，我们将讨论这些挑战是如何随着微服务和容器的使用而消失的。

第 12 章

案例研究：迁移到微服务

在第 11 章中，我们遵循业界标准实践创建了一个基于 Web 的传统 Helpdesk 应用，目的在于提供一个贴近现实世界的例子，并强调当今组织使用此类单体应用时所面对的挑战。在本章中，我们将使用微服务知识来改造这个 Helpdesk 应用，并了解我们强调的一些挑战是如何得到解决的。

在第 4 章中，我们探讨了两种可能的场景：使用微服务创建新应用以及将单体应用迁移到微服务。既然 Helpdesk 是一个现有的单体应用，那么这里我们会遵循迁移到微服务的第二个场景。

12.1 准备迁移

假设回到 2005 年，第一次编写 Helpdesk 应用时的高层业务需求如下。

- 支持大约 50 万 Web 用户，他们能够通过 Web 为其问题创建工单。
- 所有功能同等重要而且应该一直可用。
- 应用可以水平伸缩。
- 允许用户检索已有的解决方案，从而减少提交的工单数量。

现在是 2019 年。让我们回顾一下顾客行为以及这个应用是如何被使用的。

- 用户数量增长到 150 万，并且预计在接下来的 2 年由于移动领域的蓬勃发展，用户数量会增长到 300 万。

- 大多数用户使用的前两个功能是工单和搜索。
- 留言板这样的功能在使用上鲜有变化。
- 一年有两次流量高峰：夏初（6 月）和度假旺季（11 月和 12 月）。
- 工单服务受其他服务（如产品目录）影响的次数显著增加。
- 自然语言处理技术的进步意味着顾客不再只是期望基于关键字的搜索，他们也想让系统理解简单的英语并能够搜索工单，以适当地帮助他们。也就是说，他们想要语义搜索。
- 绝大多数增强需求与工单功能相关。

很明显，我们的应用运转得非常好，随着用户数量的增加，应用仍在服务。此外，我们能够假设应用有良好的水平伸缩能力来支持用户的增长。这种情况的水平伸缩意味着拥有带有 active-active 数据库的多个应用实例并进行了适当的负载均衡。需要注意的是，我们讨论的是整体伸缩性，也就是说，是整个应用伸缩，而不仅仅是一些特定的组件，例如，可能需要伸缩的工单。

现在，假设给你分配了修改应用的任务，以便它能够满足新需求并能够扩展和执行来支持 300 万用户。再者，应用应该易于跟随技术变化而演化（对变更组件开放）。

考虑到我们所学的东西，微服务听上去可能是一个好办法。我们在第 11 章部署的应用尚不算很过时。实际上，它已经使用了模型-视图-控制器（MVC）架构和 Web 服务，因此从头开始不是一个明智的决定。再者，注意到新需求只适用于应用的一些组件，这进一步使这种情况适合微服务。因此我们究竟要怎么做？有很多方法可以做这件事，但让我们采用第 4 章学到的东西，将现有项目转换为基于微服务的应用。

12.1.1 采用微服务准则

记得第 4 章概述的微服务准则定义了一种可能的方法来选择应该迁移到微服务的单体应用的功能并确定其优先级。当我们考虑新需求和用户行为时，我们研究了 7 个应用于我们场景的最佳实践。

- **伸缩**。从前两个新需求来看，很明显我们要扩展应用。两个最重要并且使用最频繁的组件是工单和搜索，所以将这些服务转换为微服务是有意义的。
- **改进的替代技术**，即**多语言编程**。我们从新需求中看到这个系统需要一个智能搜索，Apache Solr 是一个可以用于这些需求的开源工具。它通过提供相关的、上下文敏感的结果来提高搜索能力。
- **存储替代方案**，即**多种持久化**。我们的单体应用一直使用 MySQL 数据库来满足所有数据存储需求。虽然将工单数据保存在关系型数据库中是有道理的，但出于下述原因，将产品目录数据保存到将普通文件作为支撑存储的内存缓存中能够增强我们的应用：

- ♦ 它让更新更简单，只需放置更新后的文件；
- ♦ 既然没有关系查询和连接，只是将内存文件作为键控列表读取会提高速度。

- **变更**。考虑到大多数增强（根据需求）都在工单逻辑上，将工单转换为微服务是合理的。依据相同的逻辑以及我们的新需求，将留言板转换为微服务就不太合理。
- **部署**。在我们的应用中，任何给定组件都没有部署复杂性，所以我们可以说它不适用。
- **辅助服务**。按照新需求，现有工单流程会由于产品目录不可用或出问题而受到影响。我们必须短路这个服务，这意味着即使产品目录出问题，工单也应该按期望工作。这个需求要求产品目录服务转换为微服务。

我们唯一没有讨论的需求是大量的季节性流量，基本上，当前版本的应用能够很容易地解决这个问题，在流量大的季节添加应用服务器和数据库来水平扩展，而在流量正常时段将其收缩回来。但基于我们对微服务的了解以及我们转换现有服务的方法，扩展预期流量大的组件会更具成本效益。我们将在第 13 章中涉及微服务迁移这一方面。

12.1.2 转换小结

根据新需求和微服务准则，我们考虑将下面的服务转换为微服务架构：

- 产品目录；
- 工单；
- 搜索。

更进一步，我们会把 Solr 搜索引擎加入应用中。当前应用的搜索是通过数据库扫描完成的，这种实现搜索功能的方法非常粗糙。这种方法只是将文本与数据库中可用的数据进行匹配，无论是结果的质量还是性能都无法与当今的技术水准相匹配。

让我们简要讨论 Solr。（参考附录 B 可以了解详细的安装和配置说明。）Solr 是基于 Apache Lucene 的搜索引擎，它用 Java 编写并使用 Lucene 库实现索引，能够通过各种 REST API 访问它，包括 XML 和 JSON。基本功能如下：

- 先进的全文检索；
- 对巨大的 Web 流量进行了优化；
- 全面的 HTML 管理界面；
- 通过 Java 管理扩展（JMX）暴露的针对监控的服务器统计信息；
- 线性伸缩、自动索引复制、自动故障转移和恢复；
- 近实时索引；

- 灵活性与可适应 XML 配置；
- 可扩展的插件架构。

更多信息请参考 Solr 官方网站。

12.1.3　对架构的影响

产品目录、工单和搜索服务转换为自包含的独立微服务后，架构看起来如图 12-1 所示。

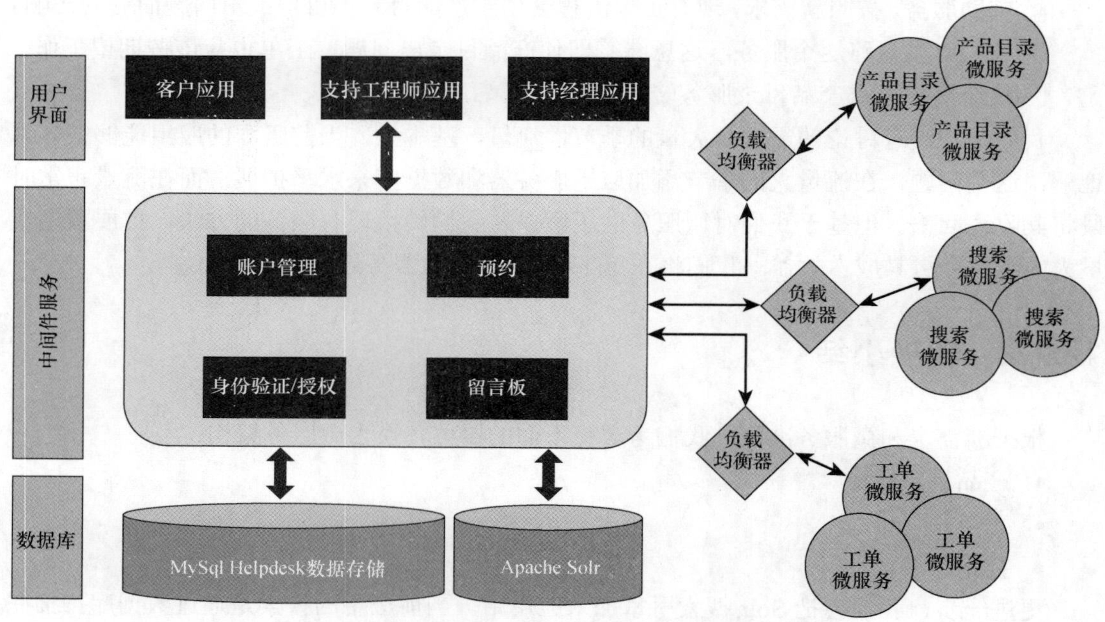

图 12-1　我们的新架构（采用了自包含和独立的微服务）

正如所见，产品目录、工单和搜索这样的服务从单体范式中分离出来并部署为独立的微服务。这些独立的微服务部署在 HAProxy 这样的负载均衡器之后，以获得高可用和伸缩。

12.2　转换到微服务

现在我们理解了基于微服务的新架构，让我们将识别出来的单体应用的 3 个组件转换为独立的微服务。我们会详细介绍产品目录微服务的转换，但会把工单和搜索留给读者，要求读者按相似的方式转换以获得一些实战经验。读者也可以参考 GitHub 上发布的代码库

https://github.com/kocherMSD/Helpdesk_Microservices.git。

12.2.1 产品目录

对于这个项目，我们将产品目录服务特定的代码从 Helpdesk 的单体应用迁移到它自己的构建实体中，这牵涉到提炼出接口、服务实现、辅助类、配置文件以及创建新的构建构件，这个新构建构件只包括其实际需要的那些第三方依赖的引用。

接下来，我们修改产品目录服务使用 Apache Maven，不再使用 Apache Ant，主要是因为 Apache Maven 是一个更新、更灵活的构建系统，其具有优越的外部依赖管理特性。

最后，我们修改产品目录服务的构建构件，将第三方外部依赖升级到最新的主要发布。如此，我们便能够利用第三方依赖实现的改进。

下面是产品目录微服务转换的详细步骤。

转换步骤

我们创建产品目录微服务时复用了单体应用的代码库。基本上，它本身会是一个单独的项目和服务。下面是具体步骤。

（1）在 Eclipse 中创建名为 catalog-svc 的新项目。

（2）下载并安装 Apache Maven。

（3）在项目的根目录创建一个 Maven 的 pom.xml 文件，并定义项目需要的依赖。可以从 GitHub 发布的代码 https://github.com/kocherMSD/Helpdesk_Microservices/blob/master/catalog-svc/pom.xml 中找到详细信息。

（4）创建服务接口、服务实现、服务帮助器、数据访问对象（DAO）类以及应用上下文 XML 文件。

基于微服务的定义，我们会拥有单个接口、服务实现、服务帮助器和服务 DAO 的 Java 类。下面是服务的伪代码，强烈建议读者看看这个服务的代码，该代码可以在 GitHub 上获取。

a．服务接口的伪代码如下：

```
public interface CatalogService extends BeanFactoryAware, ApplicationContextAware {
  public abstract ProductDetailsResponse getCatalog(
    @Context HttpHeaders headers,
    String userId)
    throws ServiceInvocationException;

  public abstract CatalogResponse addCatalog(
    @Context HttpHeaders headers,
    CatalogRequest req)
    throws ServiceInvocationException;
```

```
  public abstract CatalogResponse updateCatalog(
    @Context HttpHeaders headers,
    CatalogRequest req)
    throws ServiceInvocationException;

  public abstract CatalogResponse deleteCatalog(
    @Context HttpHeaders headers,
    CatalogRequest req)
    throws ServiceInvocationException;
}
```

b．服务实现的伪代码如下：

```
@Component
@Path("/CatalogService")
public class CatalogServiceImpl implements CatalogService {

  @Override
  @GET
  @Consumes({"application/xml", "application/json"})
  @Produces({"application/json"})
  @Path("/getCatalog/{customerId}")
  public ProductDetailsResponse getCatalog(
    @Context HttpHeaders headers,
    @PathParam("customerId") String customerId)
    throws ServiceInvocationException {
    //To do task
  }
```

c．服务帮助器的伪代码如下：

```
public class CatalogServiceHelper {
  CatalogDao dao=null;
  //To do
}
```

d．DAO 类的伪代码如下：

```
public class CatalogDao extends DataService{
  //To do
}
```

（5）仅为这个微服务 bean 修改 applicationContext.xml 文件。新项目结构看起来应该与图 12-2 所示类似。

（6）从 pom.xml 运行 `mvn install`，这将创建 catalog-svc 的 WAR 文件。

（7）在单体应用的 Tomcat 服务器上部署这个 WAR 文件：http://<host>:<port>/catalog-svc/rest/catalogservice/<Rest Verb>。我们这个独立微服务的 Web 服务端点会被更改。

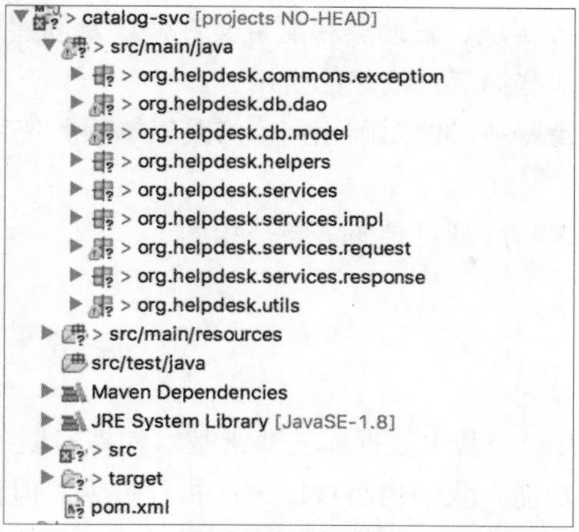

```
▼ > catalog-svc [projects NO-HEAD]
  ▼ > src/main/java
    ▶ > org.helpdesk.commons.exception
    ▶ > org.helpdesk.db.dao
    ▶ > org.helpdesk.db.model
    ▶ > org.helpdesk.helpers
    ▶ > org.helpdesk.services
    ▶ > org.helpdesk.services.impl
    ▶ > org.helpdesk.services.request
    ▶ > org.helpdesk.services.response
    ▶ > org.helpdesk.utils
  ▶ > src/main/resources
    src/test/java
  ▶ Maven Dependencies
  ▶ JRE System Library [JavaSE-1.8]
  ▶ > src
  ▶ > target
    pom.xml
```

图 12-2　新项目结构

（8）要记得我们仍在使用相同的数据库。构建 WAR 文件之前，按如下方式更改 applicationContext.xml 中的数据库配置，根据读者自己的数据库认证信息修改 `DataSource` bean 的 `url`、`username` 和 `password` 属性：

```
<bean id="DataSource" destroy-method="close"
class="org.apache.tomcat.jdbc.pool.DataSource">
    <property name="driverClassName" value="com.mysql.jdbc.Driver" />
    <property name="url" value="jdbc:mysql://<dbhost>: <dbport>/<dbname>"/>
    <property name="username" value="<Username>"/>
    <property name="password" value="<Password>"/>
    <property name="initialSize" value="5"/>
    <property name="maxActive" value="50"/>
    <property name="validationQuery" value="select 1 from dual"/>
    <property name="testWhileIdle" value="true"/>
    <property name="testOnBorrow" value="true"/>
    <property name="minIdle" value="020000"/>
    <property name="minEvictableIdleTimeMillis" value="30000000"/>
    <property name="timeBetweenEvictionRunsMillis" value="6000000"/>
    <property name="removeAbandoned" value="true"/>
    <property name="removeAbandonedTimeout" value="30000"/>
    <property name="logAbandoned" value="true"/>
    <property name="maxWait" value="120000"/>
</bean>
```

12.2.2　工单

与产品目录类似，将工单服务特定的代码从 Helpdesk 的单体应用迁移到自己的构建实体中也包括提炼接口、服务实现、辅助类和配置文件，以及创建新的构建构件。新的构建构件只包括其实际需要的那些第三方依赖的引用。

与我们在修改产品目录服务时的原因相同，修改工单服务使用 Apache Maven，不再使用 Apache Ant。

工单微服务转换的部署与产品目录服务完全相同。

12.2.3　搜索

如之前讨论的，我们有一个基于数据库的非常基本的搜索服务。现在，我们要添加 Solr 搜索组件来提供高级搜索功能。我们仍将按旧方法执行搜索，但我们也会执行基于 Solr 的搜索，并在用户界面上显示两者的结果，表明它们是基本的和高级的。由于这个原因，我们也会修改搜索视图来包含这个改进。

1. 基于数据库的搜索

搜索服务特定代码的迁移方式与之前其他两个服务的迁移方式相似。工作包括提炼接口、服务实现、辅助类和配置文件，以及创建新的构建构件。我们将再次使用 Apache Maven，它会帮助获取服务所需的第三方外部依赖。

2. 基于 Solr 的搜索

添加基于 Solr 的搜索的第一步是安装和配置 Solr 引擎，参考附录 B 了解详细说明。一旦 Solr 运行起来，我们就能够创建自己的微服务。我们将高级搜索构建为一个独立实体，这里也使用 Apache Maven 来构建制品。

下面是来自同一搜索 Web 服务的 Solr 实现的代码片段：

```
@POST
@Consumes({"application/xml", "application/json"})
@Produces({"application/json"})
@Path("/solrSearch")
public QueryResponse search(
        @Context HttpHeaders headers,
        SearchRequest request)
```

下面是查询 Solr 接口的代码：

```
HttpSolrServer solr = new HttpSolrServer(
                "http://<ip of solr host>
                 :8983/solr/helpdesk");
SolrQuery query = new SolrQuery();
```

```
query.setQuery(request.getQuery());
query.setStart(0);
QueryResponse response = solr.query(query);
```

能够用 Solr 做很多事情，例如采用搜索过滤器，但这些主题超出了本书的范围。要了解更多信息，可以参考 Solr 官方网站。

现在，让我们来看看应用的构建和部署过程。

12.3 应用构建和部署

我们已经从单体应用转换了下面 3 个组件并将它们创建成单独的微服务：

- 产品目录；
- 工单；
- 搜索。

让我们看看这些微服务发生了怎样的变化，包括如何构建、配置和部署它们。

12.3.1 代码设置

最初的单体应用使用 Apache Ant 构建项目，随着基于微服务演化的项目变得越来越模块化且必须管理依赖，单个微服务采用 Apache Maven 作为构建工具。Ant 没有内置的依赖管理能力，尽管能够用 Ivy 来辅助。这说明了一个关键概念：如果需要，每一个微服务都可以有自己的构建其源代码的方式。

这些单独的微服务的代码可以从 GitHub 获取：https://github.com/kocherMSD/Helpdesk_Microservices.git。

12.3.2 构建微服务

能够用两种方式构建这些单独的微服务：通过命令行或由 Eclipse 这样的集成开发环境自动进行。

- **通过命令行构建**。要通过命令行构建 Maven 项目，用命令行运行 `mvn` 命令。这个命令应该在包含相关 POM 文件的项目目录中执行。要构建单独的微服务，要运行的命令是 `mvn clean package`，这个命令确保清理旧制品并将新制品打包到准备好部署的 WAR 文件中。

• **由 Eclipse 构建**。一旦将项目导入 Eclipse，右键点击项目名，选择“Run As”，而后选择“Run configurations”。在“Run configurations”窗口中，在 goals 文本框中输入 clean package 并点击“Run”。这会执行代码清理并生成 WAR 文件，该文件准备好部署到 Tomcat 之类的应用容器中。

12.3.3　部署与配置

微服务部署确实有不少选择，每种选择都有自己的优点和缺点，让我们快速了解一下它们。我们将在第 13 章深入部署领域，同时了解自动化部署、伸缩等。

• **单个主机上多个微服务**。这种情况中，策略是在同一个机器（物理机或虚拟机）上部署超过一个微服务。这种方式的主要优点是资源使用相对有效，因为多个服务或实例共享相同的资源（CPU、内存、I/O 等）。缺点是这些微服务之间仅有少许或没有隔离，除非每个服务是独立的进程。另外，一个出问题的服务可能消耗掉所有的主机内存或 CPU。
• **一个虚拟机一个微服务**。这种方式的最大好处是每个服务完全独立地运行，因为服务被包裹在虚拟机中。每个微服务能够完全访问分配给它的内存、CPU 和 I/O。然而，这种方式的最大缺点是资源利用的有效性差。虚拟机也可能利用不足，但这个缺点仍然可以通过分配足够的资源并设置虚拟机自动伸缩来加以解决。
• **一个容器一个微服务**。用容器部署微服务只是将服务打包到容器中运行。一旦将服务打包到容器中，就可以根据变化、需要和实时的应用需要随意启动容器。这种方式的好处是每个容器都独立运行。容器消耗的资源能够被监控、控制和管理。然而，与虚拟机不同，这些容器非常轻量并易于构建、打包和启动。它们启动的速度极快，因为不需要像虚拟机那样引导操作系统。这种方式最大的缺点是技术成熟度。Docker 在 2013 年出现后，现在容器更容易进入主流团队，然而，技术仍在演进，以求解决安全、大规模容器管理等问题。

为简单起见，我们将在承载单体应用的同一个 Tomcat 服务器上部署新微服务。在第 13 章，我们将把这些微服务打包到 Docker 容器中并将它们部署为单独的微服务。

下面是部署带有新微服务的 Helpdesk 应用的步骤。

(1) 我们要从现有单体应用指向新建的微服务。要这样做，需要修改 Application.properties 属性文件，将端点修改为我们的新 Web 服务，具体如下：

```
endPoints.serachEndPoint=http://host:port/search-svc/rest/SerachService/search
endPoints.getCatalog=http://host:port/ticketing-svc/rest/CatalogService/getCatalog
endPoints.createTicket=http://host:port/catalog-svc/rest/TicketService/createTicket
```

（2）要改变搜索视图，修改单体应用中的 search.jsp 文件来添加一个高级搜索按钮。用 JavaScript 函数访问 Solr 搜索的 Web 服务端点：

```
function solrsearch()
{
    var solrSearchEndPoint='<%= props.getProperty( "endPoints.solrSearchEndPoint") %>';
    var searchText=document.getElementById("searchText").value;
    if(searchText=='')
    {
        alert('Empty text. Please provide value in text');
}

    var dataToSend= {"query":searchText};
    $.ajax({headers: {
        'Accept': 'application/json',
        'Content-Type': 'application/json'
    },
    url: solrSearchEndPoint,
    type: 'POST',
    dataType: 'json',
    data: JSON.stringify(dataToSend) ,
    success: function(data, textStatus, jqXHR) {
        $("#solrresults").empty();
        var docs = data.results;
        $.each(docs, function(i, item) {
            $('#solrresults').prepend($('<div>' + objToString(item) + '</div>'));
        });
        var total = 'Found ' + docs.length + ' results';
        $('#solrresults').prepend('<div>' + total + '</div>');
    }
    }).fail(function (jqXHR, textStatus, error) {
    // Handle error here
    alert(jqXHR.responseText);
    });
}
```

（3）通过分开构建来创建这些单独微服务的 WAR 文件，如图 12-3 所示。使用本章之前概述的 Apache Maven 的 pom.xml 文件。

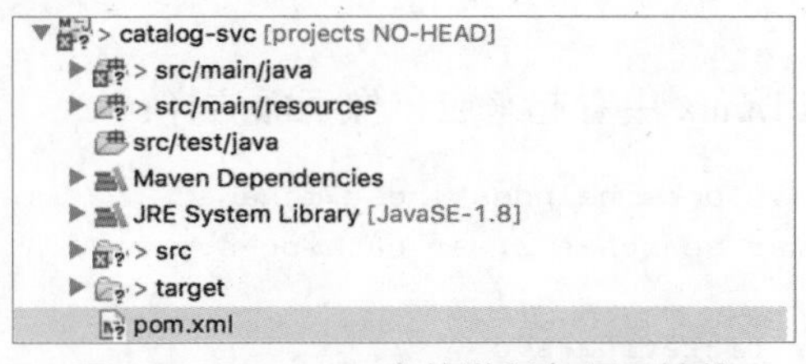

图 12-3　Eclipse 中的微服务项目结构

（4）执行 Maven 构建，如图 12-4 所示。

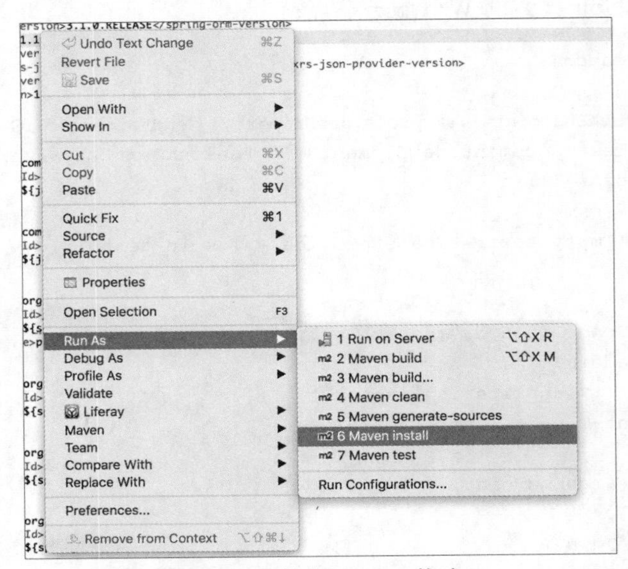

图 12-4　执行 Maven 构建

如果构建成功，应该能看到图 12-5 所示的消息。

```
[INFO] Processing war project
[INFO] Copying webapp resources [/opt/projects/BOOKCODE/catalog-svc/src/main/webapp]
[INFO] Webapp assembled in [1523 msecs]
[INFO] Building war: /opt/projects/BOOKCODE/catalog-svc/target/catalog-svc.war
[INFO] WEB-INF/web.xml already added, skipping
[INFO]
[INFO] --- maven-install-plugin:2.4:install (default-install) @ catalog-svc ---
[INFO] Installing /opt/projects/BOOKCODE/catalog-svc/target/catalog-svc.war to /Users/anujsin/.m2/repository/org/helpdesk/services/catalog-svc.
[INFO] Installing /opt/projects/BOOKCODE/catalog-svc/pom.xml to /Users/anujsin/.m2/repository/org/helpdesk/services/catalog-svc/1.0.0/catalog-
[INFO] ------------------------------------------------------------------------
[INFO] BUILD SUCCESS
[INFO] ------------------------------------------------------------------------
[INFO] Total time: 7.783 s
[INFO] Finished at: 2017-09-10T16:24:17-05:00
[INFO] Final Memory: 14M/210M
[INFO] ------------------------------------------------------------------------
```

图 12-5　构建输出

（5）遵循之前的步骤处理其余的微服务。将所有这些 WAR 文件复制到 Tomcat 的 webapp 目录中。

部署后的目录结构在 Linux 中看起来应该像下面这样：

```
search-svc catalog-svc docs helpdesk host-manager
ROOT ticketing-svc.war search-svc.war catalog-svc.war
examples
helpdesk.war manager ticketing-svc
```

正如所见，除了 helpdesk.war，在同一个 Tomcat 容器中还部署了另外 3 个微服务。

12.4 新需求与 bug 修复

我们已经根据新业务需求成功地将单体应用架构迁移到微服务架构。我们知道业务需求还会持续演进，让我们看看使用基于微服务的架构来管理可能的变更请求的一些方法。

假设我们需要给查看工单服务添加一个额外的参数，该服务被限制不依赖其他组件。我们能够使用下面的代码片段来改变工单请求：

```
public TicketResponse createHdTicket(
        @Context HttpHeaders headers,
        TicketRequest ticketRequest)
        throws ServiceInvocationException{
```

下面的代码向 POJO（Web 模型）添加了新属性：

```
@Component
private String emailAddress;
@XmlElement
public String getEmailAddress() {
    return emailAddress;
}
public void setEmailAddress(String emailAddress) {
    this.emailAddress = emailAddress;
}
```

下面的代码让我们能够向 DAO 层添加逻辑，以便从数据库获取该属性：

```
private String saveToDatabase(TicketRequest ticketRequest){
    //added with existing one
    ticket.setEmailAddress(ticketRequest.getEmailAddress());
}
```

注意，工单变更不影响其他任何服务。我们只需要测试这个服务并部署它，而且这样做应该感觉很好。在单体应用中进行这个变更需要我们构建整个应用并进行完全的回归测试，这既消耗时间也消耗资源。虽然这只是一个简单的示例，但它说明了在微服务应用中进行变更与在单体应用中进行相同变更之间的区别。

现在，让我们过一遍第 11 章中强调的单体应用的相同挑战，看微服务是否真的有助于应对这些挑战。

- **解决 bug**。应用只有包含 bug 的那部分需要修复。如果 bug 在一个微服务的代码中，那么我们只需要接触那个特定的微服务，修复代码，而后部署。另外，既然每个微服务在典型部署中都采用了负载均衡，可以不中断地部署修复从而不影响应用的可用性。如果 bug 在单体代码中，那么仍需要遵循正常流程，但是注意，微服务没有受到影响，所以不需要重新测试那些模块。因此，发布周期时间有所减少。
- **替换应用组件**。让我们假设相同的情况，我们想使用云服务实现工单管理。我们要做的所有事情就是修改配置指向云服务的端点，如本章之前所讨论的。足够简单！
- **替换或添加新技术栈**。如果使用不同的技术栈（如 PHP/NoSQL）开发现有服务或新服务是合理的，开发者完全有自由以最小的依赖完成此工作。
- **有选择地伸缩**。微服务最大的优势之一就是选择性伸缩。正如在新架构图中注意到的，每个微服务能够进行负载均衡。如果预期在工单层有更多流量，可以很容易地为工单服务启动更多虚拟机或容器而不涉及任何其他服务或应用的单体部分。这节省了时间、资源以及在整个应用中没必要扩展的部分上的花费。我们将在接下来的一章做这件事。
- **故障处理**。如果设计合理，特定微服务中的问题和 bug 不会影响整个应用。最差的情况是特定的微服务会受影响，但系统的其余部分依旧能工作。考虑一个基于单体架构的电子商务网站。假设应用的产品评级部分崩溃了，依赖于单体应用的编写方式，这可能会让整个应用宕机，即使应用的购物车和结账部分没有问题。使用微服务，产品评级微服务崩溃的最坏结果只是用户无法提交评级。既然购物车和结账服务还在运行，那么用户依然能够完成购物，对业务的影响有限。

伸缩是最大的挑战。运行一些微服务挺好，但它们是要组成大型系统的，微服务数以千计，还有很多扩张和收缩。现在让我们继续，在下一章对微服务进行容器化，以便我们能够更容易地伸缩和管理微服务。

第 13 章

案例研究：容器化 Helpdesk 应用

在第 12 章中，我们依据自己的需求和贯穿本书的微服务准则创建了 3 个微服务。接下来的问题就变成，我们要如何扩展这个模型？现实世界中，大型应用有成百上千的微服务。我们会在本章使用 Docker 容器知识来按需部署和伸缩微服务。

应用的单体部分将一如既往地运行，我们会容器化应用的微服务部分，包括工单、产品目录和搜索，我们还会对单体应用进行适当调整。

13.1 容器化微服务

我们在本节对第 12 章创建的产品目录微服务进行容器化。有了至此所学的知识，容器化涉及以下步骤。

（1）列出每个微服务所需的依赖项。

（2）构建组成微服务的二进制文件、WAR 文件等。

（3）创建包含上面两步内容的 Docker 镜像。

（4）使用第 3 步的镜像启动一个或多个容器。

13.1.1 列出依赖项

下面是运行产品目录微服务所需（依赖）的软件清单。

- Tomcat：运行应用（产品目录）代码。
- Java：Tomcat 正常运行的依赖。
- MySQL connector：Tomcat 连接 MySQL 的依赖。
- Apache Maven：安装在用来构建微服务的机器上。

13.1.2　构建二进制文件和 WAR 文件

现在，我们识别了运行产品目录微服务所依赖的软件，接下来我们需要的是 WAR 文件（二进制）本身。请遵循下面的说明构建并生成产品目录微服务的 WAR 文件。对于这个任务，克隆 GitHub 代码库中产品目录微服务的代码：https://github.com/kocherMSD/Helpdesk_Microservices.git。

既然正在构建第一个微服务，我们应该利用最新的可用工具。这个例子中，我们使用 Apache Maven 构建 WAR 文件而没有使用 Apache Ant（如我们在单体应用中做的），因为 Maven 是更高级的自动化构建工具。例如，它还下载项目需要的库依赖。

接下来的任务是验证克隆代码根目录中的 Apache POM 文件。POM 文件由依赖（如 Java 运行时版本）、Maven 中央存储库的信息以及所需的 JAR 文件列表组成。

如果万事俱备，那么下一步就是构建 WAR 文件。在项目的根目录中从命令行运行 `mvn install`，或者在 Eclipse 编辑器中右击 POM 文件并选择 `mvn install`。根目录中会创建一个名为 target 的文件夹，其中包含 WAR 文件。

13.1.3　创建 Docker 镜像

让我们看看如何为产品目录微服务创建 Docker 镜像。除了包含所选微服务的适当的二进制文件和环境依赖，为其他微服务（如工单）创建镜像的方法与此相同。

如在前几章中学到的，创建 Docker 镜像的正确方法是通过 Dockerfile 创建，其包含之前提及的所有依赖。构建 Dockerfile 将为我们提供部署服务所需的镜像。

让我们开始编写 Dockerfile。注意，我们将用多个步骤构建这个文件，以便容易解释内容。如果并行进行，确保不要创建多个文件：

```
# Based on Ubuntu 17.04
FROM ubuntu:17.04
# Environment variables to install Tomcat 7; you may change the
# minor version of Tomcat according to your needs. To change the
# major version as well (e.g., to Tomcat 8), you must be sure to
# change the TOMCAT_LOCATION variable as well.
```

```
ENV TOMCAT_VERSION=7.0.81
ENV TOMCAT_FILENAME=apache-tomcat-$TOMCAT_VERSION.tar.gz
ENV TOMCAT_DIRECTORY=apache-tomcat-$TOMCAT_VERSION
ENV TOMCAT_LOCATION=http://www-eu.apache.org/dist/tomcat/ \
tomcat-7/v$TOMCAT_VERSION/bin/$TOMCAT_FILENAME
```

让我们仔细看一些代码。

- `FROM ubuntu` 说明了产品目录服务将运行在 Ubuntu 环境中。
- `ENV` 命令定义了能够在 Dockerfile 中使用的环境变量。

下一步是拉取和安装所有依赖。将下面的内容附加到现有文件中：

```
# Fetch Tomcat; install required utilities such as wget & JDK1.8.
# Clean up apt cache, as "apt-get update" is going to bust the cache
# always.
RUN apt-get update && \
    apt-get install -y wget && \
    apt-get install -y default-jdk && \
    rm -fr /var/lib/apt/lists/* && \
    wget $TOMCAT_LOCATION
```

下面是我们对代码所做的工作。

- `apt-get` 是 Ubuntu 中的包管理器，其简化了包的生命周期（安装/更新/删除）。建议总是执行 `apt-get update`，这个命令从 Ubuntu 软件源获取包及其版本的最新列表。
- `apt-get install` 命令安装 wget 包。wget 是用来从网上下载文件的免费工具，我们需要这个工具从网上下载 Tomcat。
- `install` 命令安装 Java 开发工具包。这是 Tomcat 的依赖。
- 当运行 `apt-get update` 命令时，它从 Ubuntu 软件源下载包并将其保存在 /var/lib/apt/lists 目录中。这个目录可能非常大，它可能让我们的 Docker 镜像看起来也很大。安装完成后，我们可以安全地删除这个目录中的内容，而这正是 `rm` 命令所做的事情。这是编写 Dockerfile 的最佳实践。
- `wget` 是之前代码中安装的实用工具，可以用来从网上下载 Tomcat。

需要注意的一个关键问题是，所有这些命令都在一行运行以减少 Docker 镜像中层的数量。`RUN` 命令指示 Docker 在指定环境（这里是 Ubuntu 环境）中运行命令。如果选择 CentOS 作为环境（如，`FROM CentOS`），那相同的命令会变成 `RUN yum`，因为 `yum` 是 CentOS 的包管理器，就像 `apt-get` 是 Ubuntu 的包管理器。

我们现在下载了 Tomcat，让我们将下面的内容添加到现有文件：

```
# Install Tomcat under /opt and rename the directory "tomcat"
RUN tar -xf $TOMCAT_FILENAME -C /opt && mv /opt/$TOMCAT_DIRECTORY /opt/tomcat
```

这里，我们将 Tomcat 安装到/opt 目录并将目录重命名为/opt/tomcat。

现在让我们部署自己的微服务：

```
# Deploy product catalog service to Tomcat
ADD catalog-svc.war /opt/tomcat/webapps/

# Expose port to the host system
EXPOSE 8080

# Run tomcat in the foreground
CMD ["/opt/tomcat/bin/catalina.sh", "run"]
```

让我们仔细看看这段代码片段。

- `ADD` 命令指示 Docker 将 catalog-svc.war 文件复制到 Tomcat 的 webapps 目录，我们想在容器启动后立即运行产品目录服务。
- `Expose` 命令将 Tomcat 端口暴露给运行容器的宿主机。
- `CMD` 是容器启动时执行的默认命令。在容器启动时通过将 Tomcat 作为默认命令执行得到两个收获：首先，自动启动 Tomcat；其次，自动部署产品目录服务。

下面是供参考的完整文件：

```
# Based on Ubuntu 17.04
FROM ubuntu:17.04
# Environment variables to install Tomcat 7; you may change the
# minor version of Tomcat according to your needs. To change the
# major version as well (e.g., to Tomcat 8), you must be sure to
# change the TOMCAT_LOCATION variable as well.

ENV TOMCAT_VERSION=7.0.81
ENV TOMCAT_FILENAME=apache-tomcat-$TOMCAT_VERSION.tar.gz
ENV TOMCAT_DIRECTORY=apache-tomcat-$TOMCAT_VERSION
ENV TOMCAT_LOCATION=http://www-eu.apache.org/dist/tomcat/ \
tomcat-7/v$TOMCAT_VERSION/bin/$TOMCAT_FILENAME

# Fetch Tomcat; install required utilities such as wget & JDK1.8.
# Clean up apt cache, as "apt-get update" is going to bust the cache
# always.
RUN apt-get update && \
    apt-get install -y wget && \
    apt-get install -y default-jdk && \
    rm -fr /var/lib/apt/lists/* && \
    wget $TOMCAT_LOCATION
```

```
# Install Tomcat under /opt and rename the directory "tomcat"
RUN tar -xf $TOMCAT_FILENAME -C /opt && \
    mv /opt/$TOMCAT_DIRECTORY /opt/tomcat

# Deploy product catalog service to Tomcat
ADD catalog-svc.war /opt/tomcat/webapps/

# Expose port to the host system
EXPOSE 8080

# Run tomcat in the foreground
CMD ["/opt/tomcat/bin/catalina.sh", "run"]
```

现在让我们使用 Dockerfile 构建产品目录服务的 Docker 镜像。

13.1.4 构建 Docker 镜像

使用刚刚创建的 Dockerfile，在命令行中输入如下命令：

```
>> docker build -t catalog-svc:1.0 .
```

让我们查看这个命令所做的工作。

- `docker build` 是创建 Docker 镜像的命令。
- `-t` 选项指定了所创建镜像的名称（这里是 `catalog-svc:1.0`），包括“镜像名:<标签>”。
- 结尾处的`.`告诉 Docker `build` 命令使用当前目录中的文件。

要运行上面这个命令，需要做如下工作。

（1）确保已经安装 Docker。

（2）创建一个目录，其包含我们创建的 Dockerfile 和产品目录服务的 WAR 文件。

（3）在第（2）步创建的目录中运行 Docker 的 `build` 命令。

现在，已经创建了产品目录服务的 Docker 镜像，我们已准备好使用这个镜像并动态启动产品目录服务（在 Docker 容器中）。在启动产品目录服务前，我们需要运行这些服务的基础设施。我们在之前的章节中讨论过 Mesos 和 Marathon，我们将使用它来启动微服务。

一个快速开始的方法是利用 DC/OS（数据中心操作系统），DC/OS 是基于 Apache Mesos 的开源分布式操作系统软件，其提供了一个快速搭建 Mesos、Marathon 和 Marathon-lb 的简单方式。我们将在 AWS 中搭建该框架。本章剩余部分将基于此框架。

13.1.5　在 AWS 上搭建 DC/OS 集群

因为要利用 DC/OS 集群来启动我们的微服务，所以我们要先把它搭建起来。有几种不同方法可以搭建 DC/OS 集群，目前最简单的选择是在 AWS 上运行集群。运行这个集群需要一个 AWS 账号。

当访问 Amazon 的 EC2 实例时，要知道 Amazon 实施了安全 Shell（SSH）密钥这样的最佳实践，而不是使用用户名和密码。它使用公钥加密技术来加解密登录信息这样的用户凭证信息。

让我们创建一个密钥对，我们将在创建 DC/OS 集群的过程中使用它。

（1）在 AWS 控制台的“Network & Security”下，点击“Key Pairs”，如图 13-1 所示。

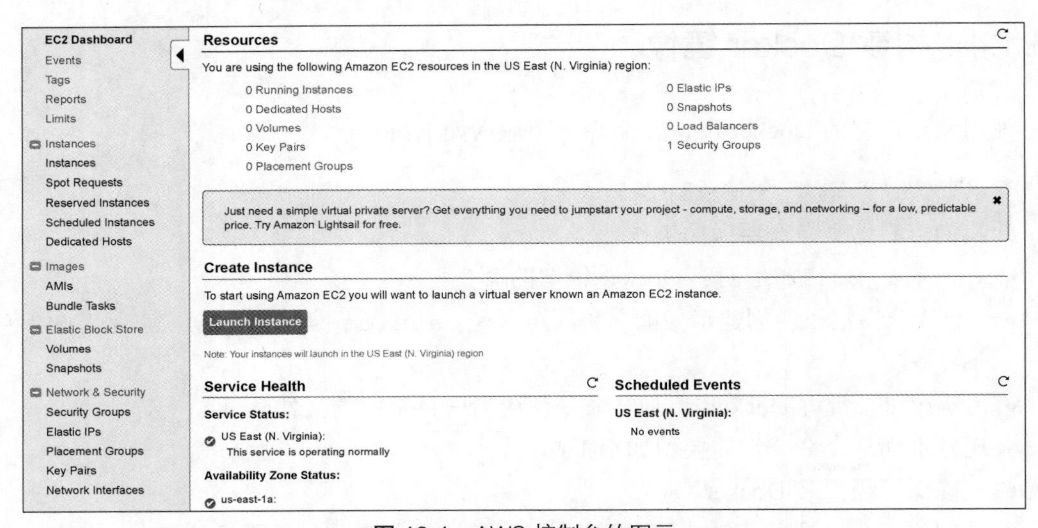

图 13-1　AWS 控制台的图示

（2）为要创建的密钥对提供一个名字。

（3）将新建的密钥对保存到安全的地方，我们很快就会在集群创建过程中用到它。

现在使用如下步骤创建 DC/OS。

（1）在 https://dcos.io/docs/1.7/administration/installing/cloud/aws 加载 DC/OS 模板。

（2）选择集群类型（单个主节点或多个主节点）。出于测试的目的，单个主节点就够了。而对于生产系统，多个主节点设置是避免单点故障的首选。

（3）接下来，如图 13-2 所示，接受默认选项并单击“Next”。

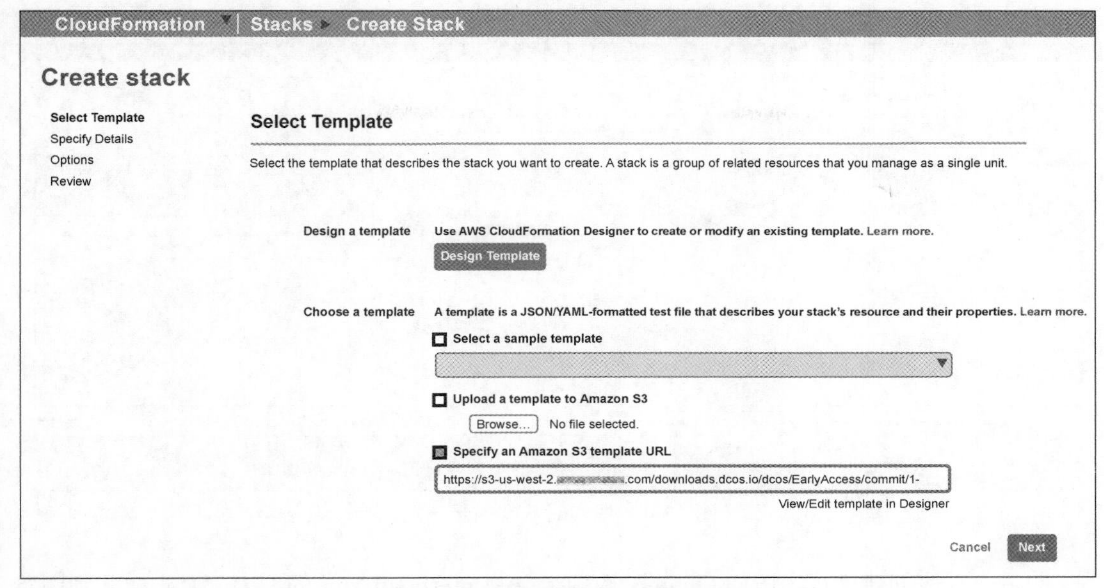

图 13-2 选择默认模板的示意图

（4）在 Create stack 页面左侧选择“Specify Details”，如图 13-3 所示。给集群取一个名字，并从下拉列表选择之前创建的密钥对。

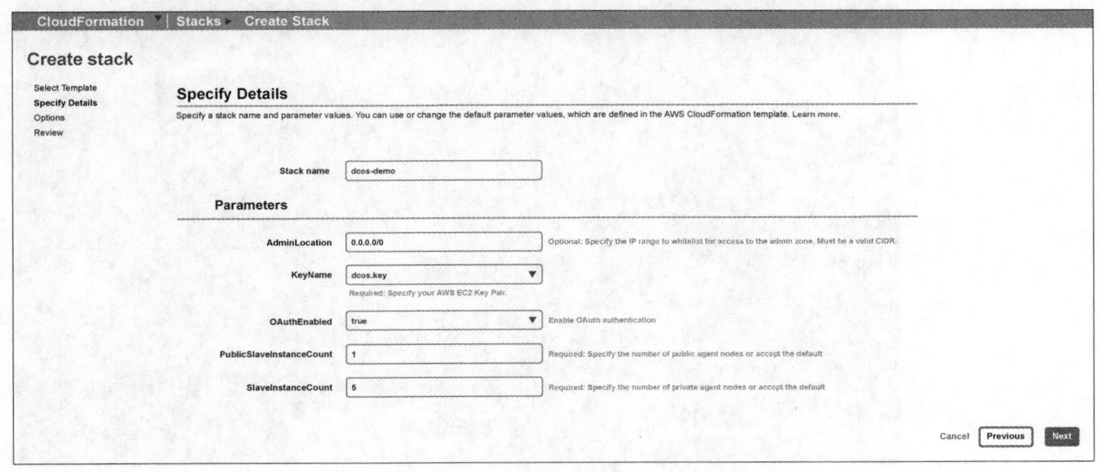

图 13-3 指定栈细节的示意图

（5）接下来，选择公用和私有代理节点的数量，在这个例子中，保持默认数量。

（6）在其他界面中，选择接受默认值，完成栈创建。成功创建 DC/OS 集群应该会花费 10～15 分钟。可以在 CloudFormation→Stacks 中查看创建栈的状态，如图 13-4 所示。

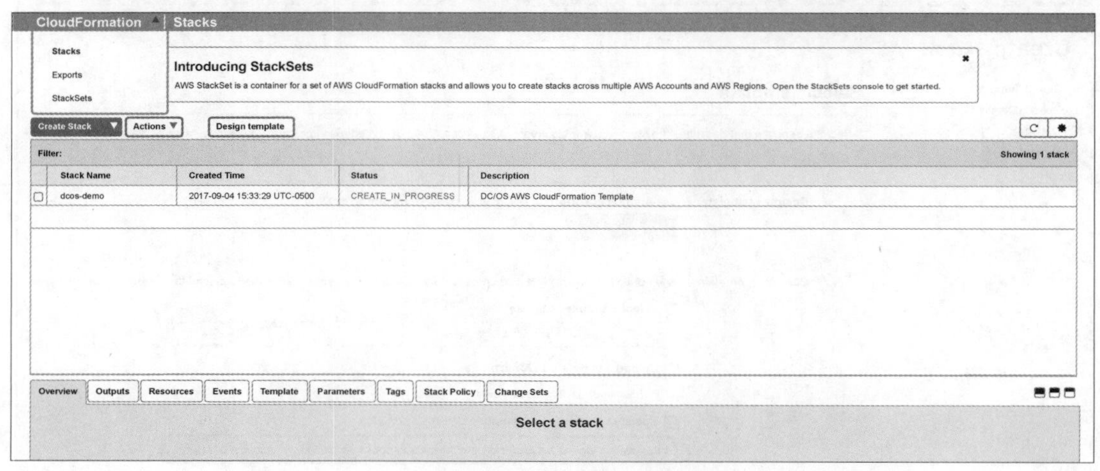

图 13-4　栈实时状态的示意图

（7）一旦栈创建完成，访问 Outputs 选项卡并将 mesos-master 的 URL 复制/粘贴到浏览器中。应该可以从系统仪表盘页面看到 DC/OS 用户界面（UI）加载成功，如图 13-5 所示。

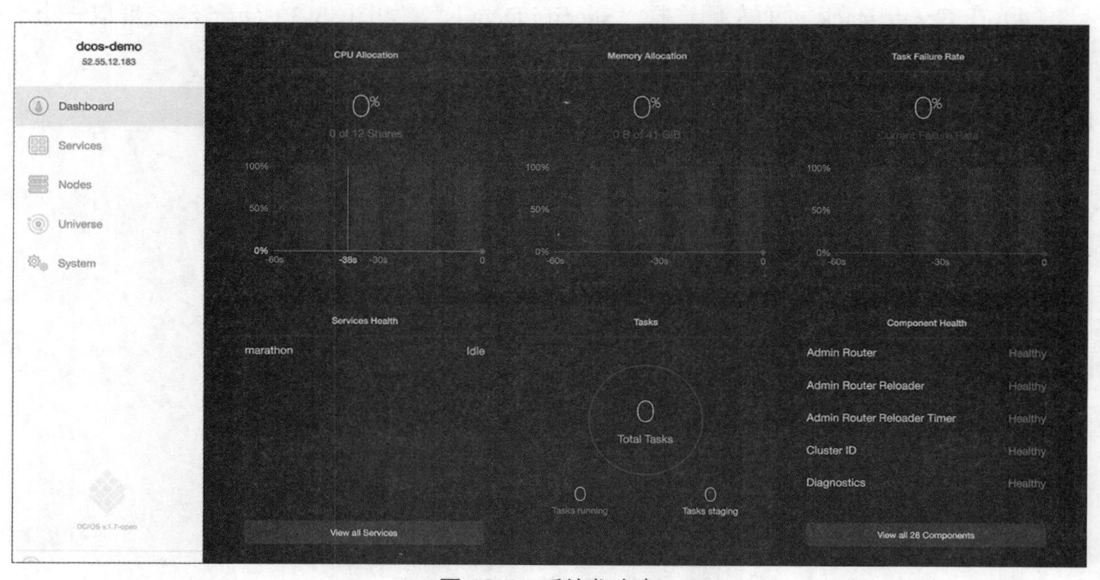

图 13-5　系统仪表盘

（8）从集群 UI 访问左栏的 Universe 并搜索“marathon”，应该可以看到与图 13-6 所示类似的界面。点击“marathon”和“marathon-lb”的“Install”按钮。

图 13-6 安装 marathon 和 marathon-lb

至此，我们已经成功安装了 DC/OS 集群，让我们通过逻辑图来看看应用的整体情况，如图 13-7 所示。

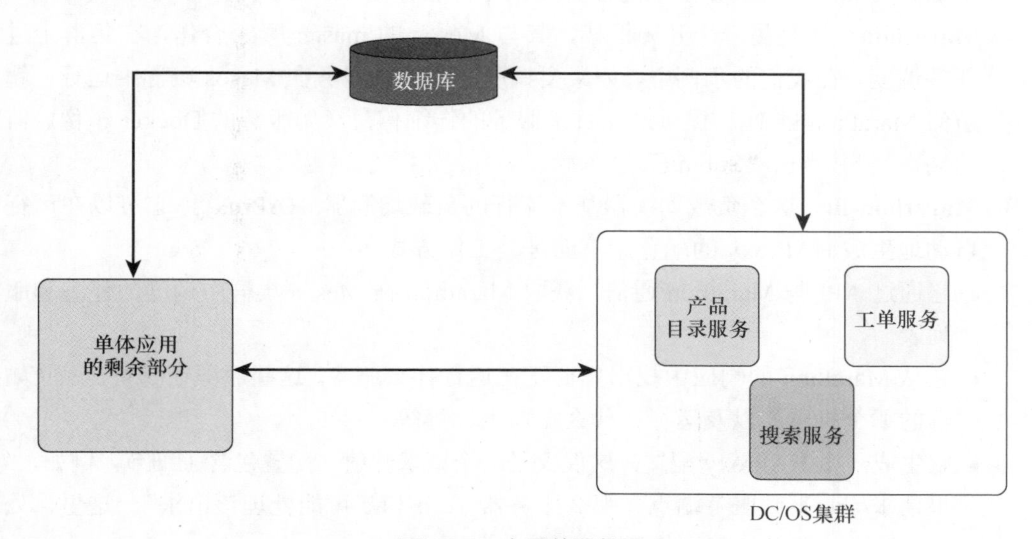

图 13-7 应用的逻辑图

注意，我们切分并打包为微服务的服务（产品目录、工单和搜索）是要被 DC/OS 集群部署和管理的服务，而应用的其余部分将按原来的方式运作。这些微服务将继续使用相同的数据库。

图 13-8 展示了部署在 DC/OS 集群上的逻辑效果。

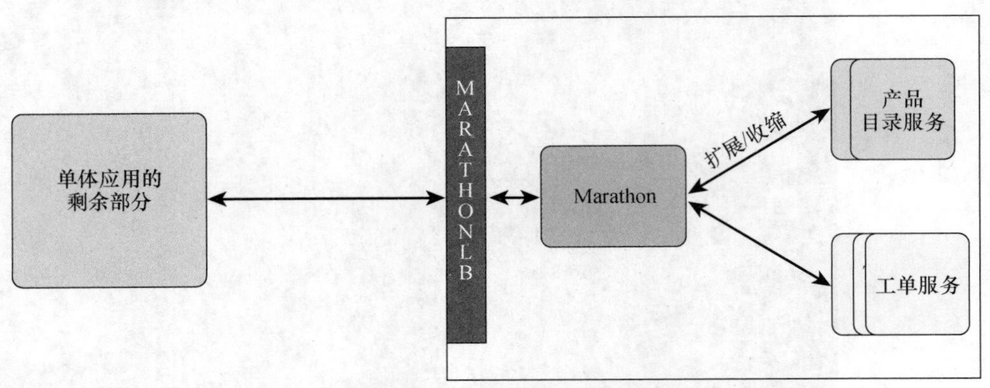

图 13-8　应用的逻辑视图

让我们从更高层次回顾一下第 9 章中所学到的有关 Mesos 和 Marathon 的内容，以便能够更好地理解我们的部署。

- **Mesos**。这是一个开源 Apache 项目，其可以管理机器集群上的 CPU 和内存之类的资源。类似产品目录和工单的任务或服务将运行在 Mesos 集群中。
- **Marathon**。这是另一个开源框架，其与 Mesos 的 master 紧密合作，在集群中进行任务调度。在我们的示例中，如果要调度产品目录服务在 Mesos 集群中运行，就要访问 Marathon 的 UI，提供产品目录服务的详细信息（如服务的 Docker 镜像、监听的端口），并点击“Submit”。
- **Marathon-lb**。这个负载均衡器基于流行的负载均衡器 HAProxy，它可以在运行中自动地生成 HAProxy 的配置。下面是其工作方式。
  - 它通过 API 与 Marathon 通信，获取 Marathon 在 Mesos 集群中调度的任务和服务列表。
  - 它从 Marathon 的响应中找出集群正在运行什么服务，这些服务在哪里运行（如集群的哪个机器）以及运行在什么端口上，等等。
  - 它生成一个 HAProxy 配置，这仅仅是一个请求映射。配置包含了细节，例如，“如果请求/abc 来到服务端点，那么服务器 a、b 和 c 可能处理该请求”。这里，处理/abc 请求的服务运行在机器 a、b 和 c 上。
  - 外部应用始终与 Marathon-lb 接触来访问运行在 Mesos 集群中的服务。

现在，集群已经就绪，让我们部署自己的微服务，在这里只部署产品目录服务，其他两个服务留给读者以相似的方式自行部署。

13.2　部署产品目录微服务

我们先部署产品目录微服务的单个实例，而后根据需要对其进行扩展或收缩。

要将服务部署到集群中，我们要创建一个包含服务所有详细信息和需求的任务，而后通过 Marathon 将这个任务提交给集群。

13.2.1　向 Marathon 提交一个任务

让我们描述产品目录服务的任务。有两种方法向 Marathon 提交任务。

- 使用一个简单的命令可以直接提交 Docker 命令，例如，`docker run -P -d nginx`。不需要主要配置的简单的小任务可以直接提交。
- 想要更详细地描述服务时可以使用 JSON 文件。JSON 文件是一种众所周知的标准分拣格式，它使用可读的文本来描述数据。我们很快会看到，它使用键值对来描述数据。

我们使用一个 JSON 文件来详细描述产品目录服务，而后通过 Marathon 提交这个任务。下面是产品目录微服务的配置文件（JSON）：

```
{
  "id": "catalog-external",
  "container": {
    "type": "DOCKER",
    "docker": {
      "image": "kocher/catalog-svc:1.1",
      "network": "BRIDGE",
      "portMappings": [
        { "hostPort": 0, "containerPort": 8080, "servicePort": 10000 }
        ],
      "forcePullImage":false
    }
  },
  "instances": 1,
  "mem": 1024,
  "healthChecks": [{
    "protocol": "HTTP",
    "path": "/",
    "portIndex": 0,
    "timeoutSeconds": 20,
    "gracePeriodSeconds": 10,
```

```
        "intervalSeconds": 10,
        "maxConsecutiveFailures": 10
    }],
    "labels":{
        "HAPROXY_GROUP":"external",
        "HAPROXY_0_VHOST":"ec2-52-207-255-252.compute-1.amazonaws.com"
    }
}
```

详细检查这个提交的任务：

- id 是产品目录服务的标识符，被用来标识集群中运行的服务。
- container 部分描述了产品目录服务的 Docker 容器。它包含下列组件。
    - type 指定容器的类型。默认值是 DOCKER。另一个选项是 MESOS，其在未来的 Marathon 框架中可能支持其他容器类型。
    - image 指定任务在集群中启动时应该运行的 Docker 镜像。
    - network 指定网络类型。我们使用的是 BRIDGE。如在第 8 章中所见，还有其他的网络类型。
    - portMappings:hostPort 指定运行容器的主机上要暴露什么端口。顾名思义，containerPort 是容器内部暴露的端口，servicePort 是通过 Marathon-lb 负载均衡器访问产品目录服务所用的端口。
    - forcePullImage，如果将它设置为 true，会强制 Marathon 在运行任务前从 Docker 仓库拉取最新镜像。默认值是 false。
- instance 指定集群中必须运行的产品目录服务的实例数量。
- mem 指定应该分配给产品目录服务多少内容。
- healthChecks 部分的参数指示 Marathon 以配置的间隔对产品目录服务进行健康检查。
- lables 部分包含下列标签。
    - HAPROXY_GROUP: external 标签向 Marathon 负载均衡器表明，该微服务必须可以让外部世界访问。如果将其设置为 internal，相同的微服务只能从 DC/OS 集群内部访问，不能从外部世界访问。
    - HAPROXY_0_VHOST：指示 Marathon 负载均衡器为服务创建虚拟主机。设定了这个标签的服务可以通过 servicePort 以及 80 端口和 443 端口访问。

现在，让我们转到 Marathon UI 并提交此 JSON 文件，以在 DC/OS 集群中启动我们的第一个微服务。在 DC/OS 的 UI 中，访问 Services 并点击“marathon”链接，然后点击“Open Service”启动 Marathon UI，如图 13-9 所示。

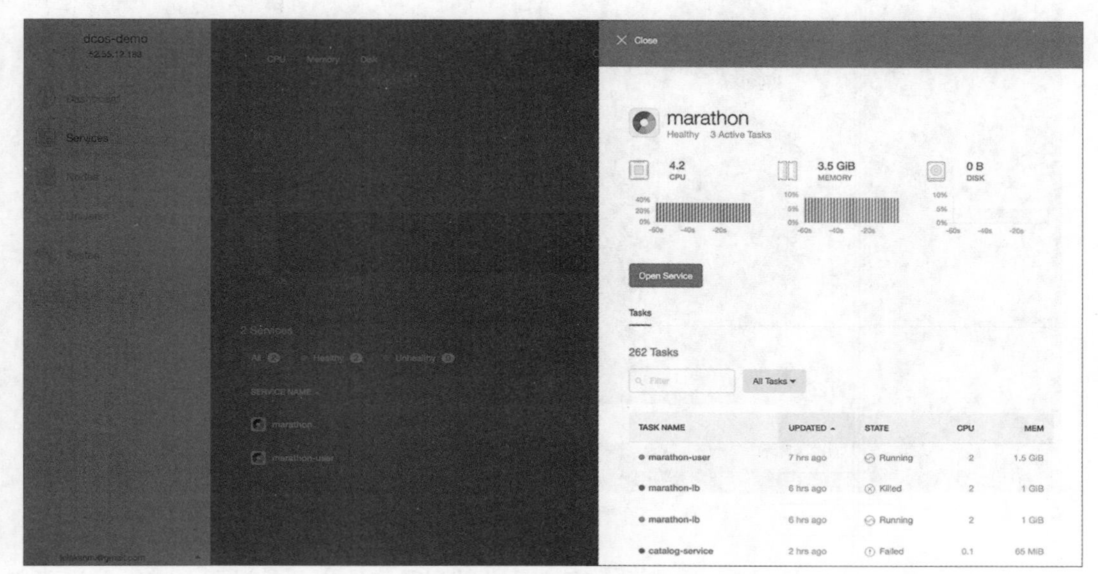

图 13-9　栈的实时状态

应该能够看到正在运行的应用，如图 13-10 所示。在这个界面，启动“Create Application”，接着选择“Ports and Service Discovery”，而后点击“JSON Mode”提供我们的 catalog.json。

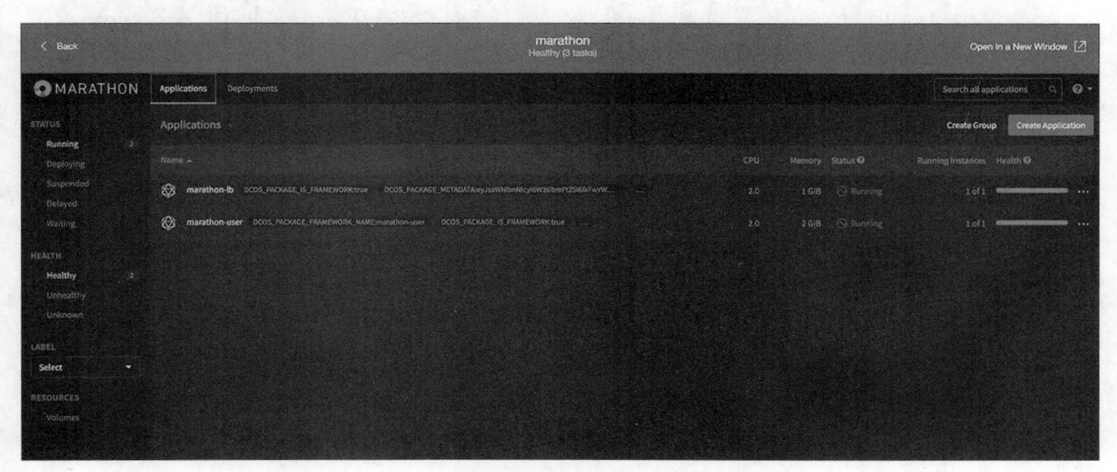

图 13-10　创建应用

应该能看到与图 13-11 类似的新应用窗口。

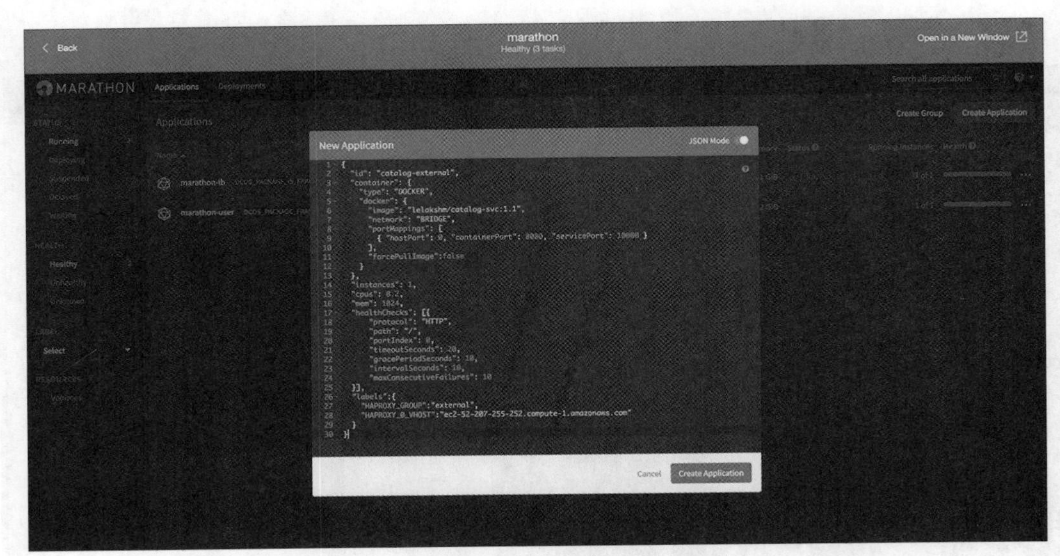

图 13-11　新应用

点击“Create Application”，几秒后，应该可以看到我们的产品目录服务启动并运行起来，如图 13-12 所示。

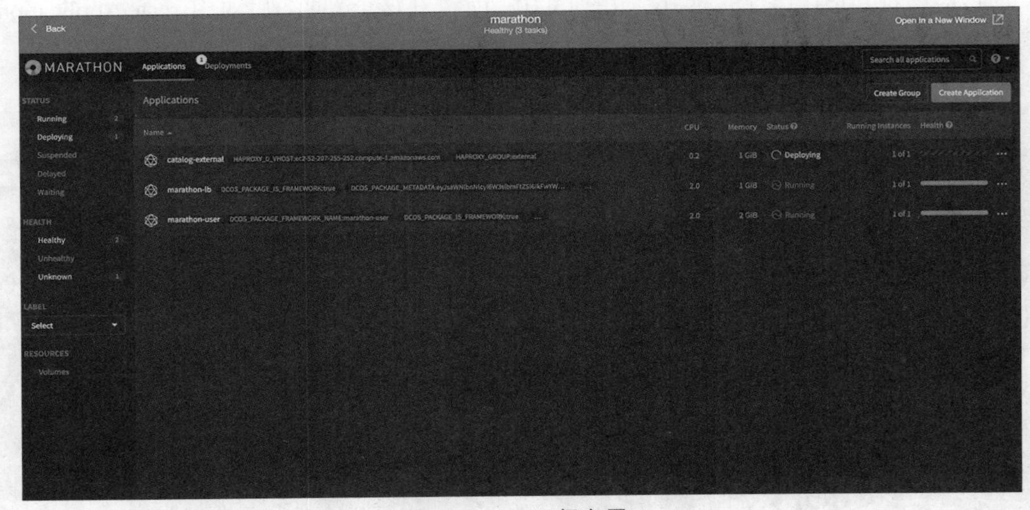

图 13-12　运行应用

13.2.2　检查与扩展服务

如果在 Applications 选项卡中点击 catalog-external 链接，可以查看这个服务更为详细的信息。图 13-13 展示了这个服务的一个实例是健康的，它还提供了状态、日志信息、版本以及最后更新时间。

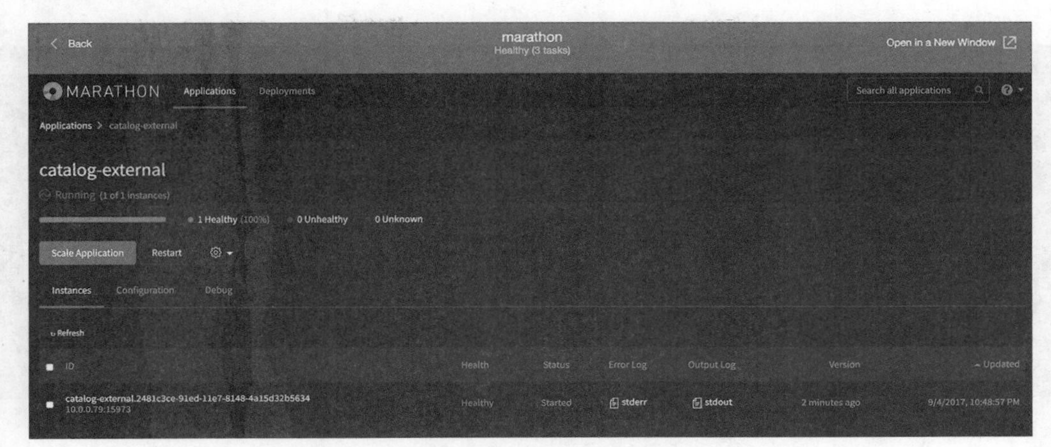

图 13-13 catalog-external

在一个实例上快速运行 `curl` 将返回产品列表，表明服务运行正常，如下所示：

```
    curl http://10.0.0.79:15973/catalog-svc/rest/CatalogService/getCatalog/pkocher |
python -m JSON.tool

    {
      "productFamilyListList": [
        {
          "productFamily": "Phone",
          "productId": "iPhone5",
          "technologySolution": "N"
        },
        {
          "productFamily": "Phone",
          "productId": "iPhone6",
          "technologySolution": "N"
        }
      ],
      "responseErrorCode": null,
      "responseErrorMessage": null,
      "responseStatus": "SUCCESS"
    }
```

要伸缩这个微服务，我们要做的所有事情就是点击“Scale Application”并提供实例数量。比如，如果我们想运行这个服务的两个实例。我们将点击“Scale Application”并输入

2，它应该在几秒内伸缩应用，如图 13-14 所示。在 Running Instances 列，应该看到“2 of 2”，表明集群现在部署了两个产品目录服务的实例。

图 13-14　伸缩微服务

在 DC/OS 集群中向上伸缩或向下伸缩微服务就是这么简单。现在，集群中部署了产品目录微服务的两个实例，我们将让应用的其余部分访问这个服务。

13.2.3　访问微服务

我们如何知道服务在何处运行？如果回忆第 3 章会发现，这是微服务部署和架构最具挑战性的部分之一，因为微服务会由于各种原因（如节点故障或资源不足）启动或宕机。如果微服务由于某种原因宕机，Marathon 会探测到故障并与 Mesos 集群一起启动另一个实例，它确保集群始终运行着正确数量的实例。

另外，Marathon-lb 通过 Marathon 的 API 与 Marathon 一起工作，发现集群中正在运行什么服务，服务运行在集群的哪些机器上，运行在什么端口上，等等。一旦发现集群中运行的服务，如果定义了 `servicePort`，Marathon-lb 会将这个端口（通过这个端口可以访问到实际服务）暴露在自己身上。

考虑到当前情境，在这个例子中，我们在集群中部署了产品目录服务的两个实例，它们 `servicePort` 的值为 10000，这意味着可以通过“http:// <Marathon-lb 服务器的 DNS 名>:10000”访问产品目录服务。

要查找 Marathon-lb 的主机名，转至运行在 AWS 上的 DC/OS 集群，选择栈，然后选择 Outputs 选项卡，如图 13-15 所示。

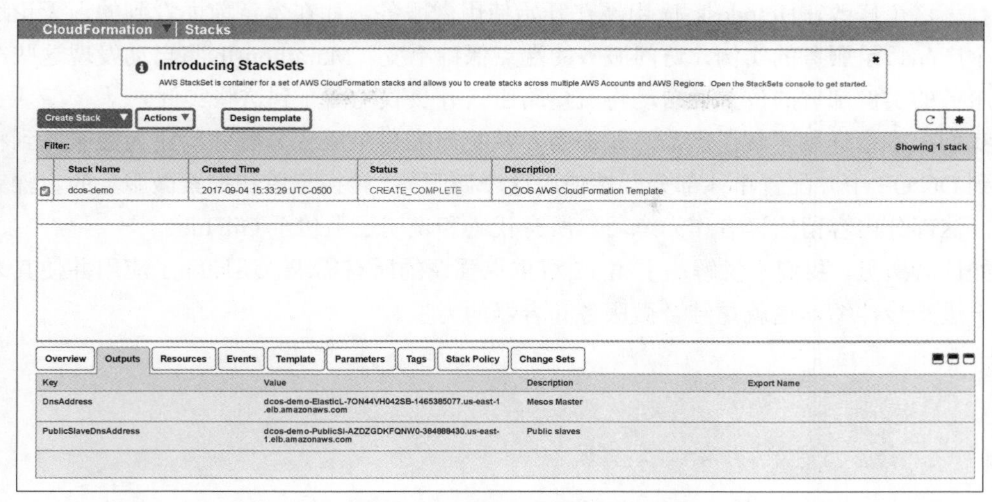

图 13-15 查找主机名的示意图

第 2 行中的主机名（PublicSlaveDnsAddress）就是 Marathon-lb 运行的服务器。因此，要访问产品目录服务，就访问这个端点：

```
curl http://dcos-demo-PublicSl-1O6EEUP951OVX-628629381.us-east-1.elb.amazonaws.com
:10000/catalog-svc/rest/CatalogService/getCatalog/<userid>
```

注意，在这个 URL 中，10000 端口暴露了 DC/OS 集群中的产品目录服务。无论集群中有多少产品目录服务的实例在运行，Marathon 负载均衡器会自动发现它们并通过 10000 端口暴露它们。

现在产品目录服务已经在 DC/OS 集群中运行起来，我们要配置 Helpdesk 应用开始使用这个微服务。这是属性文件中的一个简单配置更改。

13.3 更新单体应用

Helpdesk 应用在名为 Application.properties 的文件中维护了每一个服务的 URL 的列表，这个文件位于/usr/share/tomcat7/lib 目录下。

要按下面的方式用 Marathon-lb 的 URL 修改名为 `endPoints.getCatalog` 的属性：

```
endPoints.getCatalog=http://ec2-52-207-255-252.compute-1.amazonaws.com:10000/
catalog-svc/rest/CatalogService/getCatalog
```

有了这个修改，Helpdesk 应用现在开始使用微服务。如在本章前面看到的，无论运行多少个产品目录服务的实例，访问服务的端点保持不变。Marathon-lb 将自动发现这些产品目录服务的实例部署的位置并自动将流量路由（并负载均衡）到这些实例。

我们在本章详细了解了产品目录服务，从将产品目录服务分解并构建为微服务到将其部署到 DC/OS 中并配置单体部分开始使用这个微服务。转换工单和搜索微服务的步骤完全相同，这部分内容留给读者作为练习。所有代码和说明已上传至 GitHub。

如读者所见，我们不仅解决了第 12 章重点强调的所有需求，还伸缩了应用并使其未来更易于进一步伸缩，这就是结合微服务和容器的力量。

结语

在前言中我说过，在编写本书时我考虑了两类读者：一类是经验丰富的软件工程师和系统工程师，他们希望卷起袖子动手实践一些真实的例子以及进行深入的案例研究；另一类是行政管理者和项目经理，也就是非程序员，他们希望有针对这个主题的高层次介绍。无论你属于哪一类（也许这两类都有涉及），我都希望你发现所读的内容颇有启发性。

我们讨论的微服务和容器的各个主题（服务发现、API 网关、Kubernetes、服务通信等）本身就值得用一整本书来讲述。（实际上，其中一些主题已有多部著作！）我想通过这本书对这些主题进行高层次的综合，为你的工作或职业生涯提供恰到好处的秘诀。单独的情况下，微服务能够按需伸缩各种软件组件；与此同时，容器帮助虚拟化，让所有事物都保持轻量。一起时，它们能够很好地相互补充，让 1 加 1 大于 2——协同的完美定义。

什么是 DevOps

我们在本书开头几章探讨了微服务和容器对组织可能产生的一些影响，但我们没有过多涉及它们对另一个热点运动的潜在影响：DevOps。今天，许多软件企业正迈向 DevOps 模型，微服务和容器是这一旅程的关键促成者。

DevOps 是一个混成词，它结合了两种软件工程实践：软件开发（development）和（IT）运维（operations）。重点在于提高这两种实践之间的协同合作，以达成如下目标：

- 提高软件发布速率；

- 以更快的节奏改进软件质量；
- 自动化这两个领域的各个方面，如代码构建、测试、打包、发布和部署。

无须惊讶，整个技术产业正匆忙跳入 DevOps 的洪流中以便收获所有这些可能的好处。那么，阻碍是什么？硅谷最出类拔萃的公司面对了怎样的挑战，阻止他们制造出下金蛋的鹅？最大的阻碍就是变化。这些组织已经使用了许多工具和实践来管理软件开发、测试和发布，所有这些都会发生变化。不止于此，组织的变化也会影响现有团队的结构，这又会要求招聘拥有新技能的人员。这些挑战听起来与微服务周围的挑战类似。

接下来，如果审视 DevOps 背后的目标，可以看到微服务明显能够实现这个软件工程实践的结合。单体架构的复杂性被分解成可管理的部分，每个部分仅提供一个功能。这些部分可以分给多个团队，以便每个团队只关注自己的那部分。结果是更短的开发周期、更简单快速的部署，缩短了投入市场的时间。这些优点反过来又创造出运维敏捷和自动化的需求。由于微服务需要维持这种敏捷文化，因此会推动或实现 DevOps 环境。

考虑到 DevOps 的这些优点，看起来每个开发者、架构师或组织都想转换到微服务范式。如我们之前讨论的，微服务并非适合所有人。微服务最适合复杂架构，也就是说，有着大量功能和最终用户、快速部署以及需要伸缩的软件。在不久的未来，包括许多中小型组织在内的大多数企业将会拥抱这个趋势，有以下 5 个主要原因。

- **软件行业的未来更为复杂**。软件定义网络、软件定义存储、软件即服务、物联网，以及处理数百万用户和设备之间复杂通信的平台是探讨软件行业发展方向时会想到的一些例子。大量公司，无论其大小，都涌入这些领域，随着公司的发展，它们将意识到需要这种结合了敏捷文化的基于微服务的架构。
- **新客户端类型产生的新需求**。最具创新性的公司正在开发全球范围内所有新设备都支持的方案。每个系列的设备都有不同的资源集合可供使用。内存、处理速度和存储在一些设备中是受限的而在其他设备上却数量充足。当所有这些有着不同限制的设备尝试访问相同的软件，软件必须通过向客户端隐藏复杂性来支持它们的请求。将这种复杂性隐藏到哪里去呢？软件自身之中！这意味着软件将变得更为复杂，因此需要能够支持不同客户端通信的微服务架构，如我们在前面章节讨论的。
- **用户驱动的复杂性**。由于 Amazon 和 Netflix 在简化和增强用户体验方面的创新，它们的系统变得复杂。如果它们的用户数量保持可控，那它们可能会一直使用单体范式。实际上，它们在最初几年一直走在这条路上。随着新兴市场赶上发达市场以及它们带来的数百万（或数十亿）的上网用户，软件将持续变得更为复杂以解决伸缩性、性能和不同用户的需求。这将使越来越多的公司感觉到对微服务的需要，因为微服务能够解决这些问题。

- **工作满意度**。单体意味着一个或多个开发团队在一个平台上工作，有时按工作类型进行分工（例如，前端、后端、用户体验）。这种模式的问题之一是，一个后端工程团队可能负责建造所有需要服务的后端代码，如计费、产品目录、购物车等（在电商网站的例子中）。当代码和用例变得复杂，团队进一步划分并切分后端系统的工作（按通用功能之类的）。随着复杂性增长，他们会增加更多人员并新建团队，而后复杂度增加到任何功能的小更新也需要很长的周期和部署时间这种程度。随着时间推移，团队变得灰心丧气。失败的构建、回滚、耗费时间的调试可能变成常态而不是偶尔的阻碍。沟通不畅和缺乏协作开始出现，在极度让人担忧的情况下，可能造成相互指责、谩骂，甚至人才流失的后果。如果做得好，DevOps 和微服务能够促进角色和职责更清晰地分离，这会增强团队间的协作。相应地，协作又促进生产力，生产力又会直接影响底线。结果呢？对工作完全满意。
- **企业效益**。一个聪明的企业总是会适应新技术或范式，如果它们能够提高底线并解决主要挑战。微服务为企业提供了一个将其区别于竞争者的机会。

时间会证明一切，考虑到这些原因，微服务和容器的渗透率在未来几年可能会扶摇直上。

仅仅是开始

尽管已经到了本书的结尾，我希望这些文字作为缘起，而不只是结语。换言之，虽然你已经从微服务和容器大学“毕业”了，但肯定还有很多东西需要学习。无论你将这个作为“主菜”还只是当作“开胃菜”，我希望我已经激起了“食欲”。我鼓励你了解更多、参加各种微服务和容器的在线社区，以及亲自深入更多案例研究。总而言之，我希望这对你而言既是一个结束也是一个开始。是时候行动起来了。

附录A

Helpdesk 应用流

本附录提供了 Helpdesk 应用的功能概览，将这部分内容当作向管理员和客户呈现应用功能的用户手册。

现实世界中，大多数支持应用都集成了订单管理和客户管理系统。因此，从数据移动的角度看有很多自动化的地方。例如，当在客户管理系统中创建一个客户时，客户信息被自动推送到其他系统，如支持应用。就我们的目的而言，考虑独立的 Helpdesk 应用，没有与上游应用集成，因此我们将手动创建所有解释这个应用所需要的数据。

应用有 3 种主要的用户或角色类型。

- **管理员**。也就是所谓的超级用户，能够创建和修改新账户、用户、服务等，能够查看所有数据并能访问后端系统，如数据库。
- **客户**。从供应商购买产品或服务的用户。客户能够创建、修改和检查工单的状态，而且可以查看他们提交的工单。
- **桌面支持工程师**。这类用户处理客户提交的工单并能够查看所有工单。

A.1 管理员流

本节会列出应用管理员，以设置和维护应用的所有功能。

A.1.1　登录

所有应用都需要身份验证以便只有合法用户能够使用它。应用程序使用用户名和密码进行用户身份验证，如图 A-1 所示。数据库中应该有用户名和密码。应用已经用用户名 admin 和密码 admin 进行了设置，可以直接在数据库中重置用户名和密码。

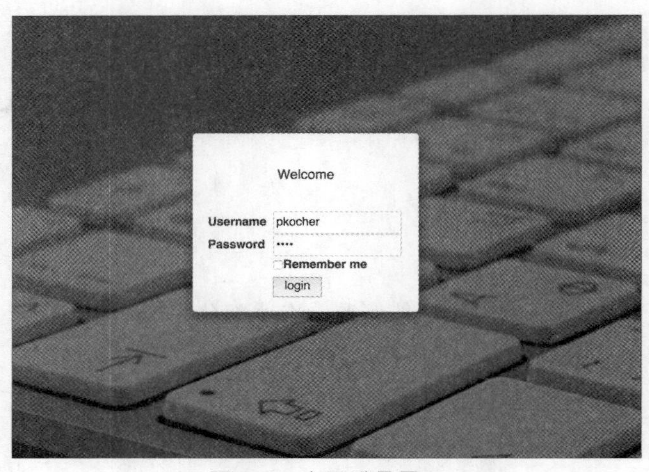

图 A-1　应用登录界面

一旦成功验证，管理员就会到达登录页。这个页面拥有顶部菜单栏的所有模块，如图 A-2 所示，让我们分别检查每一个模板。

图 A-2　管理员的应用功能

A.1.2　Administration（管理）和 Supported Products（已支持产品）

管理员能够添加新用户（客户和桌面支持）、新支持的产品，以及产品目录中用户已购买的产品，如图 A-3 所示。

新产品会定期发布而旧产品会退出支持或服务。这就是管理员添加新支持产品或终止将不再受支持的现有产品的地方。例如，图 A-3 展示了已支持产品的列表，Y 是指 yes（已支持）而 N 是指 no（不支持）。

ADMINISTRATION

Add Supported Products
Add New User
Add Sold Product

SUPPORTED PRODUCTS

Sr.No	Product	Product Family	Status
1	iPhone5	Apple Phone	Y
2	iPhone6s	Apple Phone	Y
3	iPhone7	Apple Phone	Y
4	iPhone7s	Apple Phone	Y
5	SamSungNote2	Samsung Phone	Y
6	SamSungNote3	Samsung Phone	Y

图 A-3　管理控制面板中的已支持产品列表

1. Add Supported Products（添加已支持产品）

管理员能够从这里将新支持的产品添加到产品目录，如图 A-4 所示。

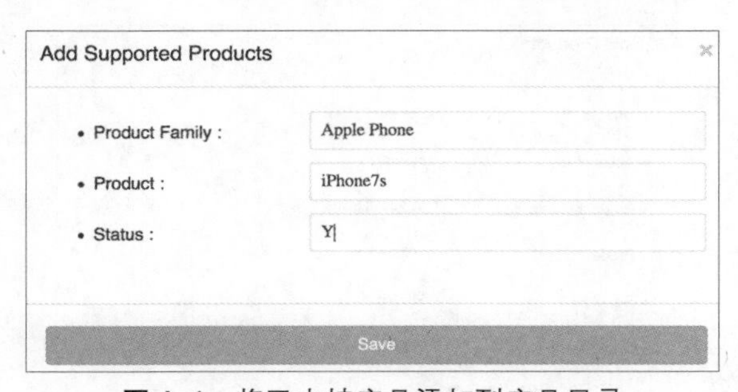

图 A-4　将已支持产品添加到产品目录

2. Add New User（添加新用户）

如之前讨论的，这类活动通常是自动化的，数据会进入上游系统。出于理解应用的目的，让我们手工创建数据。作为管理员，让我们向 Helpdesk 应用添加一个新客户，这会让这个特定用户能够提交工单。例如，我们将创建一个客户用户，其用户名为 Bob Black，用户 ID 为 Bblack，如图 A-5 所示。

Bob 的用户账户已经创建，但要让他能够提交工单，我们需要将用户与其沟通的产品关联起来。让我们在 Add Sold Product 中添加这个条目。

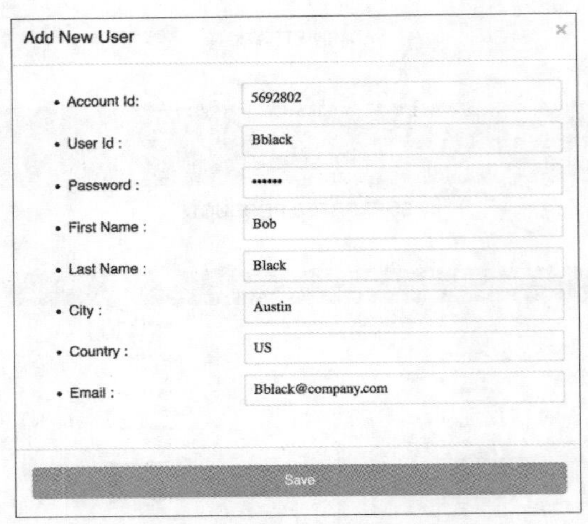

图 A-5　示例用户的账户信息

3. Add Sold Product（添加已售产品）

管理员能够手动添加客户已购买的产品。假设他购买了一台 iPhone 7s，如图 A-6 所示。

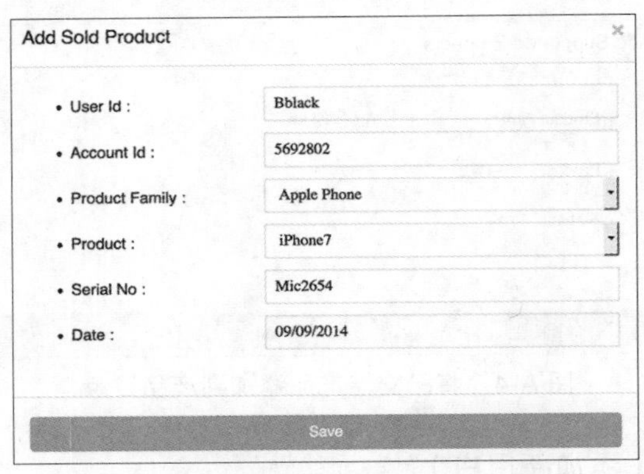

图 A-6　示例用户的 iPhone 购买

现在，我们了解了管理员的活动，让我们转向客户角色。

A.2　客户流

客户使用管理员提供的凭证成功登录后，他就能看到登录页面上的选项，如图 A-7 所示。

HELPDESK
MY PRODUCTS
CREATE AN INCIDENT
MESSAGE BOARD
VIEW INCIDENT
MAKE APPOINTMENT
SEARCH
My Profile

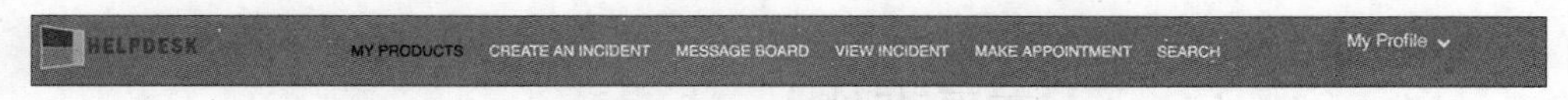

图 A-7　客户用户的应有功能

让我们逐一审查这些功能。

A.2.1　My Products（我的产品）

这个控制台在 Helpdesk 应用中称为“产品目录服务”，它用于查看登录用户的账户下可用的产品。它显示了用户已经购买的受支持的产品。这个例子中，Bob Black 在 iPhone 6 和 iPhone 7 上存在有效的支持（我们在 Administrator 部分创建的条目），如图 A-8 所示。

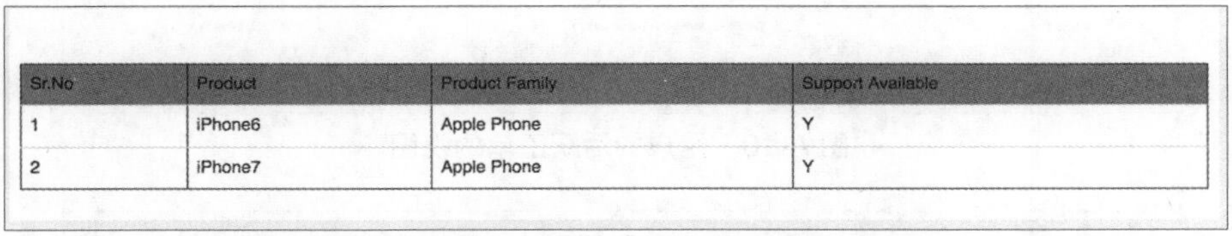

Sr.No	Product	Product Family	Support Available
1	iPhone6	Apple Phone	Y
2	iPhone7	Apple Phone	Y

图 A-8　我的产品控制台（也称为产品目录服务）

A.2.2　Create an Incident（创建事件）

比方说，这个客户想要为他最近新购买的移动设备（iPhone 5）创建一个事件，应用使用他的身份信息查看他购买的产品并允许他基于自己的选择创建事件。客户使用图 A-9 所示的 UI 界面创建工单。为了描述问题，他填写了必填字段，如标题、问题严重程度、手机型号和问题分类，而后提交这个事件。

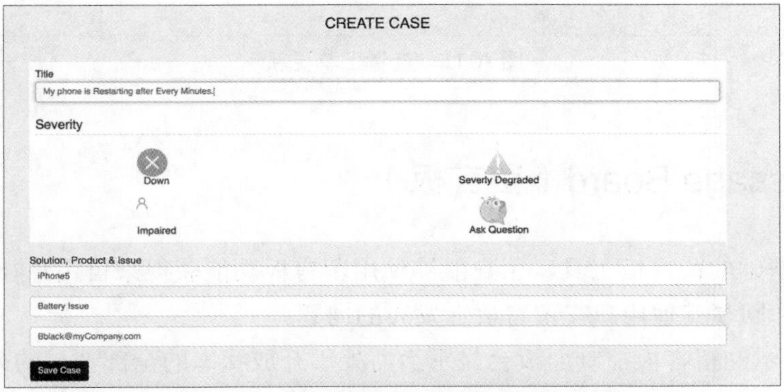

CREATE CASE
Title
My phone is Restarting after Every Minutes.
Severity
Down
Severly Degraded
Impaired
Ask Question
Solution, Product & Issue
iPhone5
Battery Issue
Bblack@myCompany.com
Save Case

图 A-9　提交产品事件

A.2.3 View Incident（查看事件）

用户能够通过这个控制台查看所有历史工单，如图 A-10 所示。当支持工程师处理工单时，用户能够查看工单细节并通过单击工单号查看事件更新，如图 A-11 所示。

VIEW ALL TICKETS

Add

Ticket.No	Problem Decription	Date
1	Mobile phone is switched of Frequently after 100% charged.	Sun Dec 13 2015
2	Screen resolution dims down after 50% battery is left.	Sun Dec 13 2015
3	Contracts are deleted automaticaly.	Sun Dec 13 2015
4	Call are automatically diverted to voice mails.	Sun Dec 13 2015

图 A-10 用户的活跃工单的视图

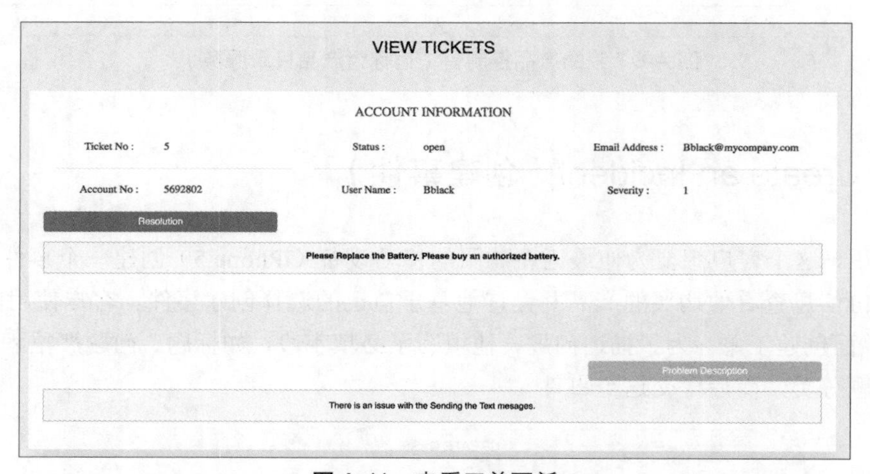

图 A-11 查看工单更新

A.2.4 Message Board（留言板）

这是非常基础的留言板工具。用户能够使用留言板功能获得来自用户社区的帮助。他们能发布问题和回复其他用户在留言板上发布的问题。

图 A-12 展示的留言板控制面板会显示当前处于开放状态的全部消息的列表。

Add

S.No	Title	Date
1	Aotomatic Renewal	05/06/2017
2	Phone switched	05/06/2017

图 A-12　留言板

让我们看看在留言板中能够做些什么。

1. New Message（新消息）

单击“Add”按钮打开控制面板来为讨论新建一个消息，如图 A-13 所示。

MESSAGE BOARD

Title :-

Caser Title

Comments

Enter your Comments here

Comments Date time

Save Message

图 A-13　添加新消息

2. Existing Thread（现有话题）

通过单击消息标题，如图 A-14 所示，能够加入已有讨论并添加评论。

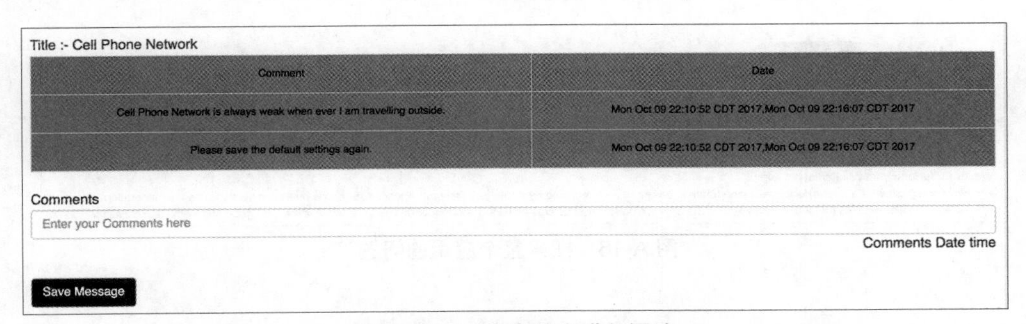

图 A-14　对现有消息进行评论

A.2.5 Make Appointment（安排预约）

这个控制面板为用户提供了预约功能，如图 A-15 所示。从数据库获取可用的日期和时间。用户可以为与支持工程师的预约选择时区、日期和时间。

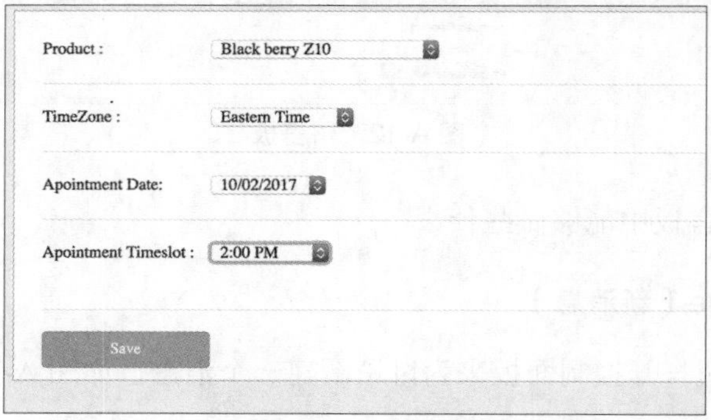

Product : Black berry Z10

TimeZone : Eastern Time

Apointment Date: 10/02/2017

Apointment Timeslot : 2:00 PM

Save

图 A-15 安排预约

A.2.6 Search（搜索）

用户能够搜索整个应用的问题，如图 A-16 所示。这个应用有 3 种搜索选项：

- Basic Search，按关键字进行数据库扫描；
- Wiki Search，按关键字搜索所有 Wiki 数据；
- Advance Search，使用 Solr 搜索，这是文本检索，比基本搜索更准确。

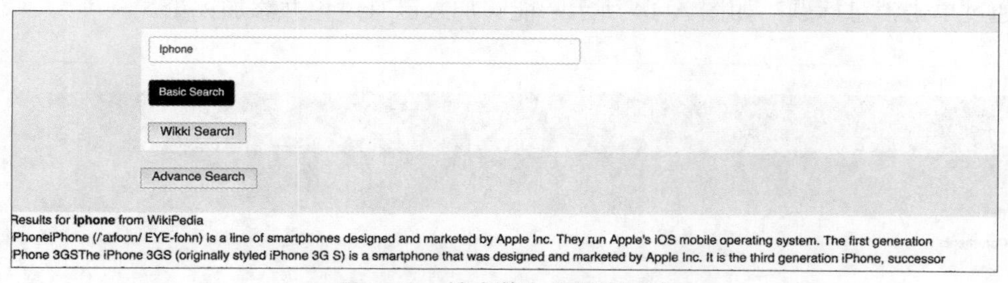

图 A-16 搜索整个应用的问题

A.2.7 My Profile（我的资料）

这两个选项卡展示了登录用户的用户资料。第一个选项卡展示了个人信息，如图 A-17 所示；第二个选项卡展示了账户信息，如图 A-18 所示。

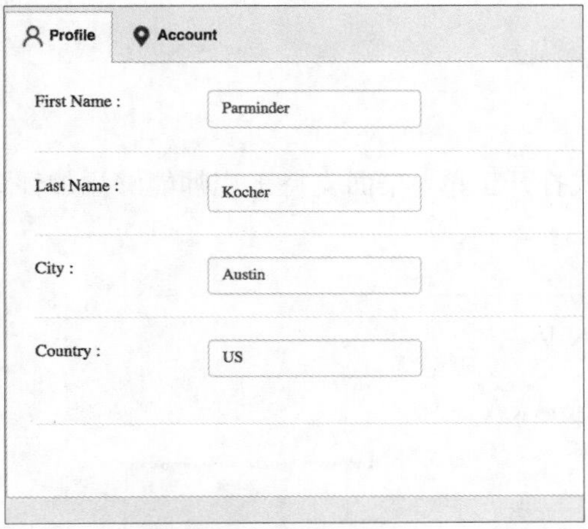
Profile
Account
First Name :
Parminder
Last Name :
Kocher
City :
Austin
Country :
US

图 A-17　个人信息

Profile
Account
Account Start Date :
2005/12/12
Account End Date :
2025/12/12
Account No :
56789
Account Type :
Personal

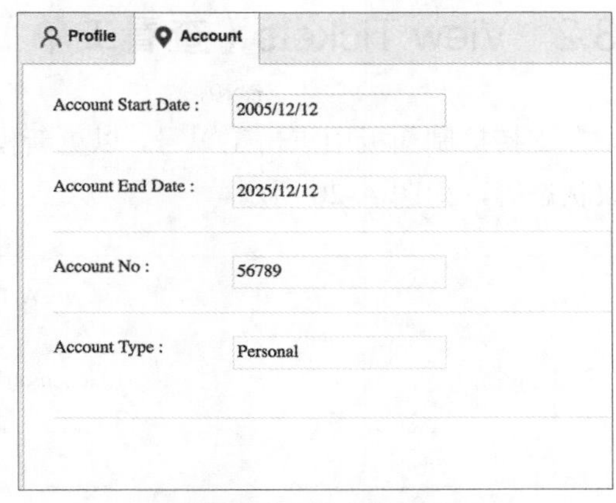

图 A-18　账户信息

A.3　桌面支持工程师流

桌面支持工程师处理进入的工单并帮助解决客户的问题。有两个选项：查看所有工单和查看并更新特定工单。

A.3.1　View All Tickets（查看所有工单）

在桌面支持工程师控制面板中，工程师能够查看所有工单，他们能够点击工单号来打开工单并开始处理它，如图 A-19 所示。

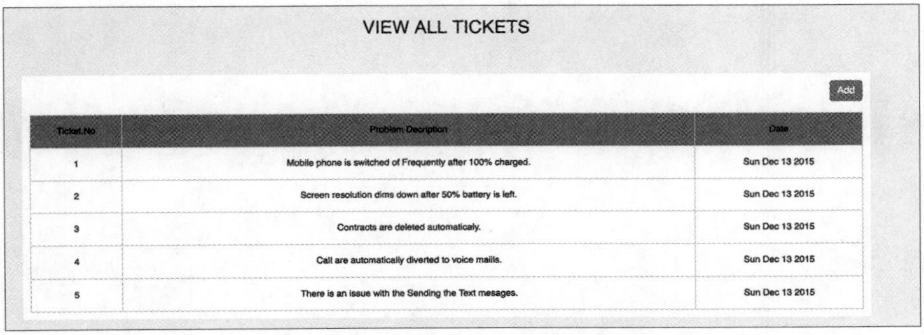
VIEW ALL TICKETS
Add
Ticket.No
Problem Decription
Date
1
Mobile phone is switched of Frequently after 100% charged.
Sun Dec 13 2015
2
Screen resolution dims down after 50% battery is left.
Sun Dec 13 2015
3
Contracts are deleted automaticaly.
Sun Dec 13 2015
4
Call are automatically diverted to voice mails.
Sun Dec 13 2015
5
There is an issue with the Sending the Text mesages.
Sun Dec 13 2015

图 A-19　支持工程师控制面板

A.3.2　View Tickets（查看工单）

在支持控制面板中点击工单号，以更新模式打开工单。桌面支持工程师能够添加评论、修改状态等，如图 A-20 所示。

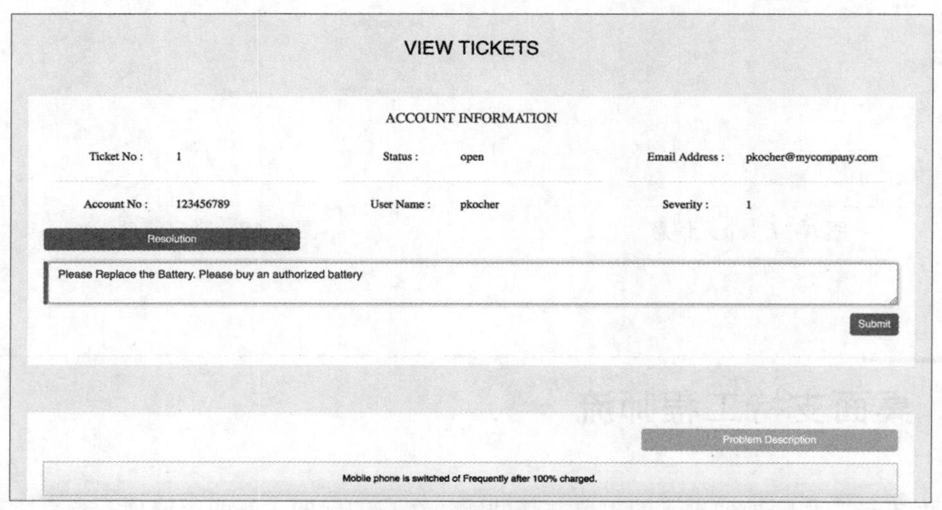

图 A-20　查看并更新工单

这就完成了我们对应用功能的高层讨论。再强调一次，本书的目的并非编写一个工业级应用，而是为案例研究创建一个足够复杂的应用，让读者在其中能够获得单体应用向基于微服务的容器化应用迁移的实战经验。

附录B

安装 Solr 搜索引擎

本附录提供了一步一步安装和配置 Solr 的指示，第 12 章中将 Solr 用作搜索引擎改进案例研究的搜索服务。这些指示适用于 CentOS 操作系统。

B.1 前提条件

- 至少有 1 GB 内存的 CentOS Linux 机器或虚拟机。
- 安装了 python-software-properties 软件包。
- 安装了最新版 Java。

B.2 安装步骤

（1）从镜像网站下载 Solr 的 tar 文件。可以下载可用的最新版本，在编写本书时，我们使用的版本是 5.5。

```
wget http://apache.mirror1.spango.com/lucene/solr/5.5.4/solr-5.5.4.tgz
```

使用 wget 工具下载 tar 文件，如图 B-1 所示。

```
ANUJSIN-H-T2H9:webapps anujsin$ wget http://apache.mirrorl.spango.com/lucene/solr/5.5.4/solr-5.5.4.tgz
--2017-07-25 22:14:54-- http://apache.mirrorl.spango.com/lucene/solr/5.5.4/solr-5.5.4.tgz
Resolving apache.mirrorl.spango.com... 83.98.147.65
Connecting to apache.mirrorl.spango.com|83.98.147.65|:80... connected.
HTTP request sent, awaiting response... 200 OK
Length: 136766786 (130M) [application/x-gzip]
Saving to: 'solr-5.5.4.tgz'
solr-5.5.4.tgz          100%[=====================================>] 130.43M  3.40MB/s    in 28s

2017-07-25 22:15:22 (4.67 MB/s) - 'solr-5.5.4.tgz' saved [136766786/136766786]
```

图 B-1　下载 Solr 的 tar 文件

（2）解压下载的 tar 文件：

```
tar xzf solr-5.5.4.tgz
```

（3）执行安装脚本：

```
solr-5.5.4/bin/install_solr_service.sh
```

安装大约会花 1 分钟的时间。一旦安装完成，可以访问 http://your_server_ip:8983/solr。Solr 的 Web 界面看上去应该如图 B-2 所示。

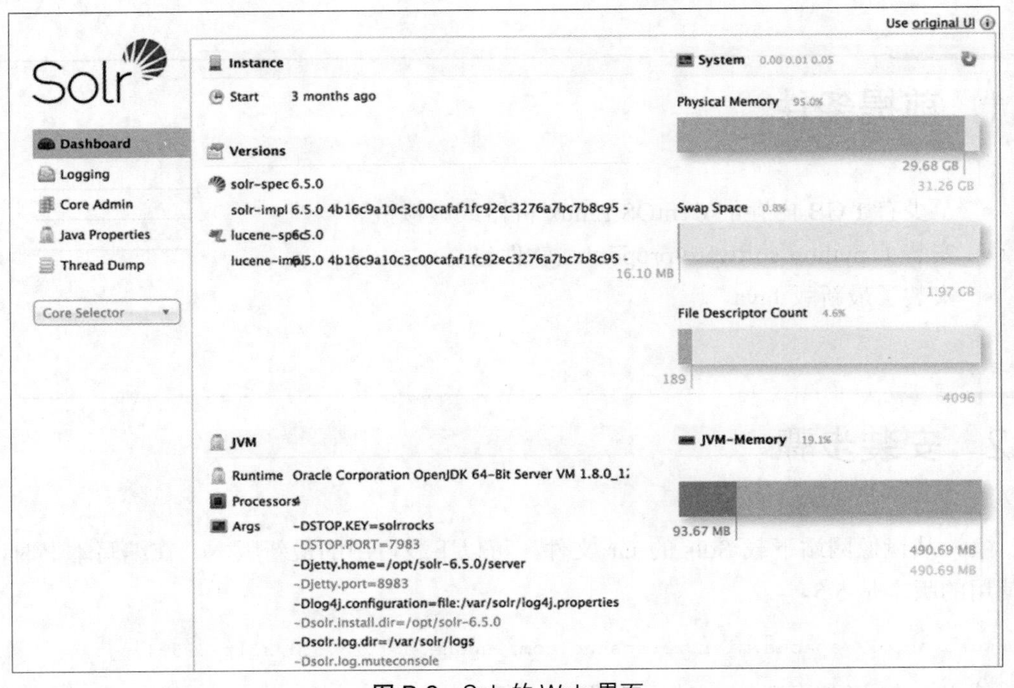

图 B-2　Solr 的 Web 界面

一个单独的微服务会用于基于 Solr 的搜索，要在 Solr 中建立数据的索引，我们会从现有数据库提取数据到 Solr 中。有不同的实用工具可以将数据从 MySQL/PostgreSQL 提取到 Solr 中。（可能还需要在应用数据库与 Solr 之间持续地同步数据，在这个例子中，为了简单只提取了一次数据。）我们将使用一个简单的数据导出处理器来导入 Solr 中需要的表。

B.3 配置 Solr 进行简单的数据导入

（1）在 solrconfig.xml 中添加下面的配置。这段代码指定了数据导入配置文件的路径，该配置文件作为 Solr 的一部分随 Solr 一同安装。将这段代码中的路径更新到该文件在你机器上的位置。

```
<requestHandler name="/dataimport" class="org.apache.solr.handler.dataimport.
DataImportHandler">
  <lst name="defaults">
    <str name="config">/path/to/my/dbconfigfile.xml</str>
  </lst>
</requestHandler>
```

（2）在 dbconfig 文件中添加下面的内容。将数据库表导入 Solr 中进行索引。这段代码中，我们使用数据选择查询来指定数据源。

```
<dataConfig>
<dataSource driver="org.hsqldb.jdbcDriver"
            url="jdbc:hsqldb:./example-DIH/hsqldb/ex"
            user="sa" password="secret"/>
<document>

  <entity name="products" query="select * from products "
          deltaQuery="select id from products
          where updated_date >
          '${dataimporter.last_index_time}'">
  />
</document>
</dataConfig>
```

（3）返回 shell 提示符，运行下面的命令进行数据导入和索引：

```
bin/solr -e dih
```

一旦所有数据在 Solr 中进行了索引，创建从 Solr 中查询数据并提供快速、准确、可靠搜索的 RESTful Web 服务就很容易了。我们准备出发了！现在你就能够从第 12 章描述的案例创建微服务了。